文本信息处理

张世博　著

中国水利水电出版社
www.waterpub.com.cn
·北京·

内 容 提 要

目前,大数据产业蓬勃发展,从而带动了人们对于非格式化文本数据的分析需求,本书全面、系统地介绍了文本信息处理的相关技术,包括分词、文本向量化、特征选择、文本相似度计算、文本分类、主题模型、情感计算等内容,并在若干综合性的章节中,设计了独到的模型算法,阐述了算法过程。所有章节都通过实例对过程做详细描述,并辅助以代码或伪代码实现,帮助读者理解,具有高度的可操作性和实用性。

本书内容新颖、层次清晰,适合高校教师、研究生、高年级本科生使用,也可供相关的软件工程师做参考。

图书在版编目(CIP)数据

文本信息处理 / 张世博著. —北京:中国水利水电出版社,2018.9 (2024.10重印)

ISBN 978-7-5170-6926-3

Ⅰ.①文… Ⅱ.①张… Ⅲ.①文字处理—信息处理
Ⅳ.①TP391.1

中国版本图书馆 CIP 数据核字(2018)第 221673 号

书　　名	文本信息处理 WENBEN XINXI CHULI
作　　者	张世博　著
出版发行	中国水利水电出版社 (北京市海淀区玉渊潭南路 1 号 D 座 100038) 网址:www. waterpub. com. cn E-mail:sales@ waterpub. com. cn 电话:(010)68367658(营销中心)
经　　售	北京科水图书销售中心(零售) 电话:(010)88383994、63202643、68545874 全国各地新华书店和相关出版物销售网点
排　　版	北京亚吉飞数码科技有限公司
印　　刷	三河市元兴印务有限公司
规　　格	170mm×240mm　16 开本　13.5 印张　242 千字
版　　次	2019 年 2 月第 1 版　2024 年 10 月第 4 次印刷
印　　数	0001—2000 册
定　　价	65.00 元

前　言

网络上非结构化的文本数据越来越多,体现在新闻、微博、微信自媒体中,形式多种多样,非结构化数据将在未来所造的数据中占有很大的比例,文本信息的处理可以揭示文字之间很难或无法确定的重要相互关系,其属于自然语言处理范畴,让计算机处理和运用自然语言。本书重点讲解自然语言处理方面尤其是中文文本信息的处理过程、细节技术等,既包含了传统文本信息处理技术,也包括了某些最新的业界方法,还容纳了笔者的科研成果。

本书主要内容如下:

第1章,介绍了文本信息处理的意义、应用场景、应用现状,并总结了其存在的应用挑战。

第2章,介绍了常用的数学基础,本章不是罗列相关的数学概念、公式,而是从技术角度阐述如何分阶段、分步骤实现文本处理,在各个环节会涉及的数学知识范围。

第3~4章,介绍了中文信息处理的最基础要素分词和向量化方法,从维特比算法、序列标注及深度学习等多个技术途径讲解了分词的方法,介绍了文本向量化的概念和方法,并引入了在实际操作中的散列技巧。

第5~6章,介绍了特征选择和文本相似度的计算方法,并通过以word2vec为案例的方式给出相似度计算过程。

第7~8章,是较为综合性的章节,介绍了文本分类的方法,分为朴素贝叶斯分类和fastText分类方法,其中,fastText分类是最新的基于深度学习的开源文本分类工具,文中用详细实例介绍了该过程。

第9章,是关于文本摘要的内容,引入了笔者设计的基于句子评分的摘要模型。

第10章,介绍了主题模型,用于发现大数据文本下的主题倾向。以潜在狄利克雷分布为基础,通过分析句子结构,给出了针对具体文本数据的主题模型设计。

第11章,介绍了文本的情感倾向性计算方法。涵盖传统的分析方法和基于深度学习的分析方法。重点介绍了情感词库的自动扩充方法,以酒店的评论文本为数据集,详细分析了数据集中的情感倾向性分析过程。

本书在内容上尽可能涵盖文本信息处理的各个环节,但受篇幅以及笔者水平的限制,很多重要的、前沿的方法未能覆盖,即便覆盖到的部分也仅是管中窥豹。

本书的撰写得到了北京市教委科技计划项目(KM201810017005)的资助。

自然语言处理发展极其迅速,针对文本信息的处理技术也层出不穷,很多科研机构和企业为此做了大量的基础工作和实际应用,笔者自认才疏学浅,书中错谬之处在所难免,请读者不吝告知,将不胜感激。

作　者

2017 年 5 月

目　录

目　录

第1章 引言

1.1 文本分析简介

1.1.1 文本分析的意义

在日常的产品和运营工作中,经常接触的数据分析方法、形式绝大部分是基于对数字的描述性分析,如销量情况、用户增长情况、留存情况和转化情况等,高级一些的数据分析方法有因子分析、聚类分析和回归分析等方法。

这些分析方法有一个共同点:都是跟数字在打交道,说得专业一点,就是基于对结构性数据(即行数据,存储在数据库里,可以用二维表结构来逻辑表达实现的数据)的分析,比如姓名、性别、年龄这些信息,以 Word、Excel 等形式呈现的数据。这种类别的数据比较好处理,只要简单地建立一个对应的表即可。从企业角度来说公司都有很多数据,传统意义上会认为只有阿拉伯数字叫作数据,比如企业的财务报表、经营状况、APP 每天日活等,除了这些之外,还有一些其他数据,比如文字型的数据:新闻内容、商品介绍、用户评论、企业内部各种各样的合同等,这些都是数据,其特点是以文本符号的形式存在。

目前,网络上非结构化的文本数据越来越多,体现在新闻、微博、微信自媒体等,形式多种多样,非结构化数据将在未来的数据中占有很大的比例[1]。作为一个尚未得到充分开发的信息源,非结构化数据分析可以揭示之前很难或无法确定的重要相互关系。所以,有必要对非结构性数据引起高度重视。非结构性数据是与结构性数据相对的一个概念,它包括所有格式的办公文档、文本、图片、XML、HTML、各类报表、图像、音频和视频信息等,如图 1-1 所示。

无论是政府、企业还是个人都热切期望能从海量的文本中得到对自己有用的信息。要达到这个目的,凭人力费事、费力地逐条检索、逐条浏览是不现实的。

图 1-1　非结构性数据

　　企业希望通过数据挖掘技术提升效率,增加收入,降低成本,但是具体如何做? 首先要把数据基础打好,比如尽可能地采集数据,较好地分析数据,把数据展示出来。现在很多挖掘还是人工用手工的规则和脚本实现,但是现在的信息化技术已经可以依靠计算机自动处理,并且做得更快、更好,减轻人的重复劳动,帮助企业提升效率。

　　网络上有非常多的数据,文本、图像、语音等类型的内容需要操作,识别归类和搜索。人工智能是把这两者联结在一起,让计算机自动完成从数据采集到识别搜索以及归类转化。"文本分析"或者"语义分析"是分析海量的非结构性文本信息数据,回答不仅是"是什么"的描述性分析,更多的回答"为什么",即目标用户购买和使用产品的潜在动机和真实需求。

　　基于大数据的文本分析被广泛应用于各种行业来解决关键的知识性问题,例如从 CRM 数据、社交媒体、新闻网站和购物网站评论等渠道获取文本数据,再通过计算机自然语言处理,从而揭示出在任何非结构化文本信息中的人物、事件、时间、地点等内容,如图 1-2 所示,从而能够提供贯穿所有业务的全新层面的理解。

　　文字数据处理是信息的抽象提炼。这些数据其实是"一句话浓缩了很多内容"。文字数据的场景非常多,差别也很大。例如有的场景中用户的评论数据都是短短几十个字,也会有一些合同文本和法律文书,这些内容的字数则上千字和上万字。各种各样的长短文本,如果能够让计算机代替原来的人工进行自动化处理,便可以发挥很大的价值。在一些行业中,比如人事行业、法律行业、财务行业都有大量的资料,让计算机自动来分析这些文字资料,并自动来理解这些内容,这是非常有意义的事情。

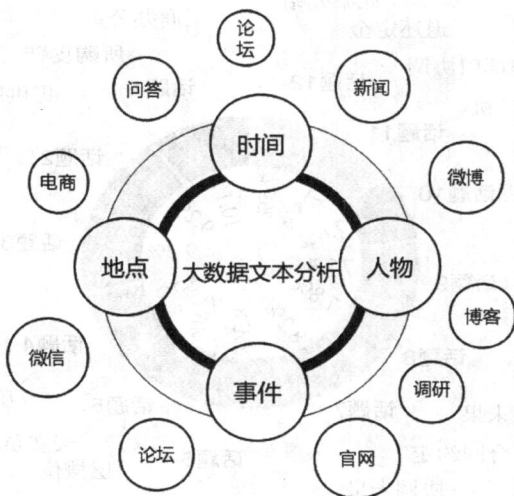

图 1-2 大数据文本分析提取的主要维度

1.1.2 文本分析的应用场景

从以下几点讲述海量文本分析的实际应用场景。

1. 开放式作答处理

大量问卷调研中有开放式问题,这些开放式的问题以电子文档的形式进行存储,使计算机进行文本分析成为可能,计算机可以在短时间内从数以万计的作答中提取出有价值的分析维度,如图 1-3 所示,实现对(潜在)用户需求的洞察。

2. 内容运营优化

(1)捕捉优秀作者的写作风格

对于一些初入新媒体运营岗位的人来说,研究和模仿某些知名自媒体作者的写作风格很有必要,学习他们的写作手法和套路可以使文案写作进步神速。

要想对这些优秀作者的行文风格进行深入研究,除了熟悉他们的行文脉络和篇章结构,更要熟稔其遣词造句上的风格,包括措辞特点、常用关键词和情感倾向等,在模仿中逐步形成自己的写作风格。

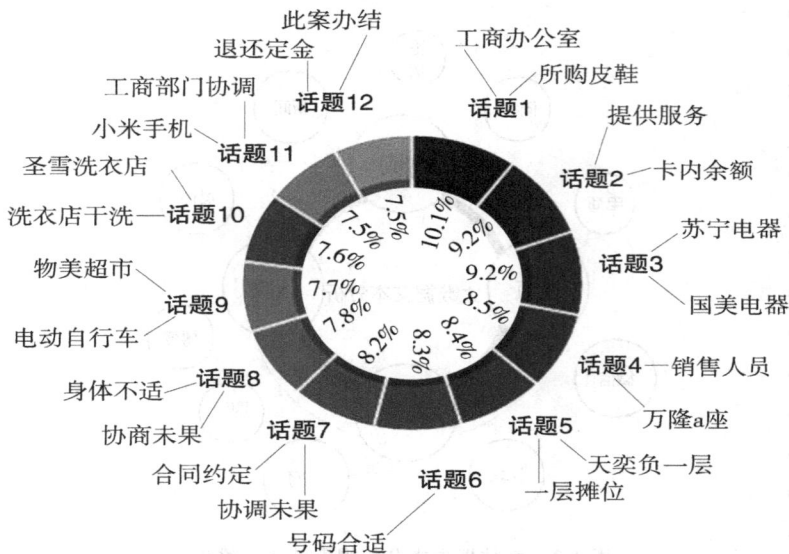

图 1-3　开放式问答题中提炼出的焦点话题

（2）新媒体热点采集、追踪及预测

基于大数据的文本分析能快速获取全网具有趋势传播的关键词，可以实时监测传播趋势，包括全面研究阅读数、评论数、分享量、传播趋势等，并且通过分析内容属性和成功原因，预测内容在未来的传播潜力。

在未来的媒体竞争中，媒体人需要转型变成"内容＋技术"的复合型人才，一方面发挥在内容创作中的人性的独立判断和分析，另一方面需要借助大数据分析技术提升文章的传播效果。

3. 口碑管理

基于大数据的文本分析能快速准确地识别出企业、品牌、产品自身及竞争对手在互联网上的口碑变化，深度挖掘文本数据价值，在消费者洞察、产品研发、运营管理、市场营销、品牌战略方面，为管理决策提供科学依据。

4. 舆情监测及分析

利用基于大数据的文本分析，可以清晰地知晓事件从始发到发酵期、发展期、高涨期、回落期和反馈期等阶段的演变过程，分析舆情的传播路径、传播节点、发展态势和受众反馈等情报。这一应用越来越受到各方面的重视。

5. 了解用户反馈

通过基于大数据的文本分析，企业可以用正确的方式阅读用户散落在网络上的"声音",企业可以直接读懂自己用户的想法,挖掘出用户对于产品或服务的情绪和态度。比如,大数据文本分析可以回答如下问题:

用户喜欢的是产品的哪一方面?

比起其他公司的产品,客户是否更倾向他的产品?

这些偏好会随着时间发展和变化吗?

1.2　技术发展历程

上述的各种应用都属于自然语言处理中的大范畴,关于自然语言处理,学术界有两个派别:

1. 理性派

认为所有语言其实都有潜在内生结构,都是有内在的语法。

2. 经验派

认为只要完成某一个功能就可以了,计算机完全不需要理解人说什么。

早期人工智能刚刚提出来,符号主义流行。在 60 年代的时候用了很多的词典和符号规则做自然语言的处理,但是后来发现这样翻译走不通。70～80 年代,在语法规则的基础上,加上了语言模型,当时很多语言专家做自然语言处理时遇到非常严峻的挑战,因为语言不是特别严格的模型。例如:汉语特别灵活,很多时候甚至没有规则可言。

90 年代开始,统计学习模型异军突起,现阶段看到大量自然语言处理的应用都是基于统计学习的模型。所应用的大数据方法也是因为已经积累的文本数据非常多,每天在各种平台上看到、写下的文字数据都可以成为计算机训练的语料,通过训练能让计算机发现语言的规律。

2010 年以后,随着学习越来越深度化,知识图谱变得非常流行,它带有结构,目前很多主流方法是两者相结合,统计学习方法加上一些结构,能够更好地理解、处理文字内容。

1.2.1　文本结构解析的三个层次

现在流行的方法从结构的角度来说分三个层次:一是词汇级,二是句法级,三是篇章级。词汇级有很多具体的模块开发,结构分析包括句子结构之间的关系等。在汉语文本里面单个的字表现很弱,两个字或者三个字才构成一个有表达力的词。比如"公司"是一个词,但是拆出来,"公"没有表达能力,"司"也没有表达能力。组词之后是造句,很多句法构成了一篇作文。同样,让计算机来阅读文字从结构角度来说是相似的,先让计算机了解字、词,然后理解句子的意思,最后理解整篇文章每个段落的含义。

1.2.2　确保文本分析效果的要素

1. 针对特定应用场景定制语言模型

虽然用的都是汉语或英语,但在不同的场景需要的方法有很大不同。例如:让计算机自动提取合同文本信息,自动判断合同文本中关联的要素和法律风险,这些文本都有一定的、潜在的语法结构。在作具体的专家文本判别时,需要建立这些具体的行业文本的知识库。

评论分析是目前很多企业应用的领域。很多企业每天会收到网上用户留下的成千上万条评论意见,甚至其中有一些是竞争对手的情报信息和评论信息。比如说手机行业分析用户评论意见时,通常评论有大量的省略和简称,小米手机第六代通常说米6,计算机没有专业领域知识很难能像人一样解读这句话。

另外,口语和书面语的分别处理方式也不同,书面语是常写在内部文件中,但是通常弹幕、网络评论都是口语表达。比如说"杯具"、"稀饭"都不是吃的东西。

2. 持续的学习能力,确保泛化能力得到提升

机器学习的好处是可以通过反复迭代,实现持续学习、持续提升的效果。在文本挖掘中很多企业的挖掘都是依照规则的方法,但长期来看这种方法泛化能力或自主学习能力不够。通过机器学习以及用算法提升算法的能力来提升挖掘的效果是计算机处理模块时很重要的能力。

1.2.3　应用类型划分

计算机不像人一样可以阅读文字,计算机很多时候是输入一段字库,输出相应的结构。一边是编码,一边是解码。

文本挖掘基础应用的类型可以分为三大类:

1. 抽取

计算机想要自动解析文本,需要能够识别很多关键要素。例如,当计算

机阅读一份法律合同文书时，能够识别里面的判决书编号、被告人、辩护人、判决依据等，并能够从文本中提取出这些要素进行结构化处理。对于很多文本密集的行业，抽取这件事情很有价值。

2. 划分

比如，企业拿到大量客户的网上评论意见，需要知道这些意见哪些是好的、哪些是坏的，不同的意见需要后续给哪个部分负责处理，这些是典型评论意见观点的识别和观点划分的应用。

3. 合成

计算机写作将会是未来比较热门的行业。目前的写作还是以模板为主，比如基于一些合同模板把要素填写进来。但未来希望除了模板外，计算机还可以帮助人们修改、润色文章。甚至可以摆脱模板的方式，通过"阅读"大量的文字来实现机器写作。

1.3 应用现状

上面提到的抽取、划分和合成可以对文字进行很多处理，在满足企业的一些应用需求后，还可以进一步延伸。比如，每天都在用的搜索和推荐都是进一步的应用。

搜索是典型的自然语言处理的应用。它的核心技术有两部分，其一是对文本语义的深入理解，第二是解决搜索时间的性能问题。通常索引资料库很大，可能有上千亿的内容，在搜索的过程中不需要计算机一个一个找，而是用零点几秒解决响应的问题。这些需要用特殊的数据结构来完成。

另外，在搜索时如何让计算机帮助人来匹配更多优质资源，其实需要做更多语义的延伸。同一句话不同的人可以用不同的语言方式来表达。计算机帮助人做语义的扩展需要了解词和词、句子和句子之间的关系，才能更好地做语义之间理解的功能。

除搜索之外，个性化推荐也是语义理解中重要的应用。做内容和人的连接时，更好地完成用户画像需要分析出哪一个人之前看过这些内容，它的语义如何。文本挖掘技术在提升企业的运营质量方面发挥了很大作用，很多电商、新闻门户网站都开启了个性化推荐功能，它在帮助用户提升点击率、留存以及关键指标上都有着明显的效果。

1.3.1 文本分析工具

1. 商业化工具

近年来，国内外文本挖掘技术发展较快，许多技术已经进入商业化阶段。各大数据挖掘工具的提供商也都推出了自己的文本挖掘工具。这些工具除具备常规的文本挖掘功能（如数据预处理、分类、聚类和关联规则等）外，针对庞大的、非结构化数据都能作出较好的应对，支持多种文档格式，文本解析能力强大，大部分支持通用数据访问，但是价格都十分昂贵。由于各提供商的专注领域或企业背景不同，工具的定位和适用性也有所不同。以目前市面上比较流行的 10 款商业文本挖掘工具[2]为对象，针对其不同点进行简要的分析比较，如表 1-1 所示。

表 1-1　商业文本挖掘工具

工具名称	提供商	工具简介
Intelligent Miner for Text	IBM	挖掘结果展现能力较强，系统具有可扩展性，但是缺乏统计方法，限制了其本身的挖掘能力。在连接除 DB2 以外的数据库时，需要安装中间件。图形界面不友好且操作复杂，适合专业人员
Text Miner	SAS	算法齐全，360°数据视图展示。提出 SEMMA 方法论。用户界面灵活友好，但是操作复杂，分析结果难以理解，适合专业人员
Text Mining	IBM SPSS	提出 Crisp-DM 方法论。图形界面非常友好，易于操作，支持脚本功能，应用领域广泛且维护和升级成本较低。但是缺少最新的统计方法，且分析结果与其他软件的交互性较弱
IDOL	Server Autono-my	基于贝叶斯概率论和香农信息论。工具性能较高，支持 SOA，提供完全可配置的监控。但是系统的维护与管理缺乏相应的图形化应用界面，且工作过程中没有相关报告输出
Darwin	Oracle	通过 ODBC 访问数据，提供 wizard 引导用户构建模型。可扩展性较高，模型能够作为 C、C++ 和 Java 代码导出并集成于其他应用，用户界面友好。但是工具的适用面窄，市场份额较小；数据展示需要额外的工具，交互性差
SQL Server	Microsoft	基于 OLAP，利用数据源系统对数据进行清洗、转换和加载。挖掘功能集成于 SQL Server 系列产品中，易于使用。但是由于算法不足，解决问题有限，适合中小型业务

2. 开源工具

目前开源文本挖掘工具较多,如表 1-2 所示是主流开源文本挖掘工具。

表 1-2　主流开源文本挖掘工具

工具名称	开发者	开发语言
Weka	新西兰怀卡托大学	C/C++
GATE	谢菲尔德大学自然语言处理研究小组	Java
ROST CM	武汉大学 ROST 团队	C++
Open NLP	Apache	Java
LIBSVM	台湾大学林智仁团队	Java、Matlab、C♯、Ruby、Python、R、Perl、Common LISP、Labview
Mallet	马萨诸塞大学 Andrew Mc Callum 团队	Java
Orange	斯洛文尼亚卢布尔雅那大学计算机与信息科学学院人工智能实验室	C++

Weka 以算法全面得到了许多数据挖掘工作人员的青睐,LIBSVM 是 SVM 模式识别与回归的工具包,ROST CM 在各大高校应用面非常广,对中文的支持最好。ROST 是由武汉大学沈阳博士 ROST 虚拟学习团队研发的一款内容挖掘软件,可以对数字化的材料进行组织、标引、检索和利用,具有海量性、智能性和客观性等特点,通过定量分析和定性分析的结合,ROST 文本挖掘软件能从数字化的材料中归纳出具有说服力的普遍性结论。ROST 文本挖掘软件可以对各类文本进行词频、聚类、分类、情感等分析。

大部分商业文本挖掘工具都对多语言、多格式的数据提供了良好的支持,且数据的前期处理功能都比较完善,支持结构化、半结构化和完全非结构化数据的分析处理。开源文本挖掘工具一般会有自己固有的格式要求,国外开源文本挖掘工具对中文的支持欠佳,而且大部分开源工具仍然停留在只支持结构化和半结构化数据的阶段。商业文本挖掘工具的分类、回归、聚类和关联规则算法普遍都较开源文本挖掘工具齐全,包含了目前主流的算法,只是每个工具在算法的具体实现上存在差异。同时,前者在处理庞大的数据量时依旧能够保持较高的速度和精度,后者则显得有些望尘莫及。

1.3.2 实践中的用途

1.文本分析影响产品的营销流程

借助基于海量文本分析技术,可以对用户行为和想法进行科学分析,使用户洞察由原来的主观"猜测"转变为以数据为驱动的精准预测。

在新产品上市前,或者是小规模投放市场后,在社交媒体上对粉丝和潜在用户的言论进行收集,对其进行文本分析,知道他们喜欢产品的哪些方面,对哪些方面不太满意,以及他们对产品的其他期望,从而敏捷、快速、准确地对用户的反馈作出积极的回应。

其中,对用户言论进行文本分析的"精髓"在于对提炼出的文本数据所表达出的"情绪"的解读,也就是用户言论的情绪分析。

2.文本中的情绪分析

基于海量文本数据的"情绪分析",也被业界称为"观点挖掘",它利用多样化、海量的社会化媒体作客服,借助数量庞大的社交网络平衡语料和新闻平衡语料的机器学习模型,对所获取文本中的情感倾向和评价对象进行提取,使运营者更全面、更深入地了解用户的"心声",掌握用户对于产品的喜好程度,及用户视角下的产品优缺点。

值得注意的是,基于大数据文本的情绪分析在于深度分析评论的意义(评论的是事物的哪些方面)以及附带的情绪倾向(是"褒"是"贬",还是"中立"),而不是评论本身在说的文字。

(1)用户典型意见分析

海量文本分析中的"典型意见"是指将用户的意见进行单据级别的语义聚合,将内涵相近但表述有差异的意见或看法聚合在一起,抽取出其中典型的用户反馈或意见,在短时间内迅速梳理出用户对于产品所关注的话题。

(2)用户反馈趋势分析

用户反馈趋势分析曲线展现了文本数据量在时间上的分布情况,可以从宏观上掌握用户关注话题所对应评论的发展走势,以便做好及时跟进,发掘出其中有价值的言论。

1.3.3 文本处理的应用挑战

谷歌、百度等搜索引擎，就是一个文字挖掘的人工智能系统。文字搜索给其创造了非常大的经济效益，但也遇到了很大的挑战，尤其是中文的文字处理困难重重，虽然每天都在流畅地使用中文，但计算机识别中文的时候发现中文语法不规范的现象较多，行文有些会表现得很随意，这导致了计算机处理、理解这些文字的时候很难处理得非常好。

让计算机来做自然语言处理或者挖掘，有什么新的技术挑战？

挑战一：字词关系的处理

对于汉语来说表达一个基本概念就是一个词。但是让计算机来理解字词之间的关系很困难，因为计算机需要挖掘很多词和其他词之间的关系。比如说相关词、同义词，甚至还有单词。进一步还要做同义词、反义词、近义词的关系和挖掘，然后还要跨语言，还有英文的同义词，外文的简称等。

比如"中华人民共和国"是一个大词，它有很多词构成。共和国跟它的意思接近，中国和中华人民共和国的意思也接近，甚至有时候一个单词叫"中"，比如说中美谈判，这个"中"的单字在这个语境里面表达的意思就是中华人民共和国。

再如，局部转义问题。比如说"巧克力囊肿是一种常见的肿瘤名称"，但是把巧克力拿出来是一个食物，在理解时它不会看到这句话把其理解为一个可以吃的东西。比如还有球鞋、运动鞋、跑步鞋，需要判断什么时候是同义词，什么时候是有差别的。

中文上下文有很多歧异的地方。"意思"这个词就有很多的意思。如"什么意思""小意思""没意思"，每一个表达都不一样。汉语非常复杂，比如说"我不方便""他在方便"，其中的"方便"则代表完全不同的含义。中文中复杂的歧异，这也是让计算机像人一样阅读文章时必须克服的困难。

挑战二：歧义语义的理解

像"咬死了猎人的狗"，这句话一种是主语被省略了，主语可能是一只老虎、一只狗，它咬死猎人的狗，这时狗是宾语。还有一种情况狗是主语，咬死了猎人是修饰词。这两种理解方式都对，在利用计算机处理时，需要结合上下文才能理解。比如说"做手术的是他的父亲"这句话有两种理解方法，有一种是他的父亲是医生做手术，一种是他的父亲生病了做手术。汉语不像英语有主动时态和被动时态。

挑战三：多样化的句式结构的解析

搜索引擎经常需要处理的文本含义一样，但是文字表达方式不一样的情况。这种情况下常见的处理方法叫作语义的规一划，这是处理搜索引擎词时经常遇到的问题。文本中的字一样但是顺序不一样。说"你上班了吗?""班你上了吗"，意思是接近的。常见的做法是通过定位和调整主谓宾定状补等句子元素，生成句法依存树来理解句子结构。

依存语法通过分析语言单位内成分之间的依存关系揭示其句法结构。直观来讲，依存句法分析识别句子中的"主谓宾""定状补"这些语法成分，并分析各成分之间的关系。

1.4　小结

从上面的讲述中可以体会到文本分析对于政府、企业或普通个人用户的巨大价值，它的重要性不亚于传统的结构性数据分析。用正确的方式阅读这些海量的文本数据，就可以直接读懂用户的想法，获得强有力的决策支持，从而使舆情引导、新闻阅读、投放产品研发、营销推广等更主动、更有效率。

第 2 章　常用的数学基础

文本处理技术的诸多环节依靠机器学习实现，来自美国华盛顿大学的佩罗·多明戈斯教授对于机器学习给出了定义，机器学习是由三个部分组成，分别是表示、评价、优化。这三个步骤实际上对应着在机器学习当中所需要的数学内容。

2.1　机器学习的处理过程

2.1.1　表示

在"表示"这一步骤中，需要建立起数据，还有实际问题的抽象模型。所以，包括两个方面，一方面要对要解决的这个实际的问题进行抽象化处理。比如要设计一个算法，判断一封邮件它到底是不是一封垃圾邮件，得到的结果无外乎两种，要么是，要么不是。这样一个问题如果对它做抽象，实际上就是个二分类问题。是，我们可以把它定义成 0；不是，可以把它定义成 1。所以，这个问题最终要输出一个 0 或者 1 的结果。在表示的过程当中，要解决的问题就是把面临的真实世界当中的一些物理问题给它抽象化，抽象成一个数学问题。抽象出来这个数学问题之后，要进一步去解决它，还要对这个数据进行表示。

问题抽象以后，还要对数据进行抽象。在判定这个邮件到底是不是垃圾邮件的时候，要根据它的特征进行判断，看这个邮件里是否有关于推销的，或者关于产品的一些关键字。这些特征、关键字，要把它表示成一个特征、向量，或者表示成其他的形式，就是对这个数据做出了抽象。

在表示阶段，需要建立数据，还有问题的抽象模型。先把这个模型建立出来，然后寻找合理的算法。

（1）K-近邻算法

在机器学习当中，常见的有 K-近邻算法，该算法比较简单，找到一个样本点和这个样本点最近的 K 个邻居。按照少数服从多数的原则，对它进行分类。

（2）回归模型

线性回归是统计学习方法,建立一个线性回归模型,对二分类可以建立逻辑回归模型。

（3）决策树

决策树不依赖于数据,它是自顶向下的一个设计。线性回归或逻辑回归,都是从数据反过来去推导模型,而决策树直接去用模型判定数据,两个方向不一样。

（4）SVM 支持向量机

SVM 支持向量机是纯数学方法。

在"表示"的阶段部分,把问题和数据进行抽象,采用抽象的工具。

2.1.2　评价

给定了模型之后,如何评价这个模型的好坏? 需要设定一个目标函数,来评价这个模型的性质。

1. 设定目标函数

目标函数的选取可以有多种形式。像对于垃圾邮件这种问题,可定义一个错误率,比如一个邮件它原本不是垃圾邮件,但是所设计的算法误判成了垃圾邮件,这是一个错例。错误率在分类问题当中是个常用的指标,或者说常用的目标函数。

2. 最小均方误差和最大后验概率

在回归当中常采用最小均方误差作为目标函数,尤其是在线性回归中。除此之外,还有最大后验概率等。

3. 模型的评价指标

信息检索、分类、识别等领域两个最基本指标是召回率（Recall Rate）和准确率（Precision Rate）,召回率也叫查全率,准确率也叫查准率,概念公式：

召回率（Recall Rate） ＝ 系统检索到的相关文件 / 系统所有相关的文件总数

准确率（Precision Rate） ＝ 系统检索到的相关文件 / 系统所有检索到的文件总数

从一个大规模数据集合中检索文档时,可把文档分成四组：

（1）系统检索到的相关文档（A）（TP）

（2）系统检索到的不相关文档（B）（FP）

（3）相关但是系统没有检索到的文档（C）（FN）

（4）不相关且没有被系统检索到的文档（D）（TN）

如图 2-1 表示。

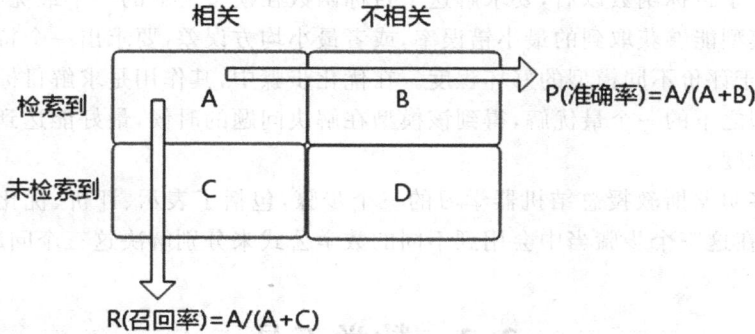

图 2-1　准确率、召回率

注意：准确率和召回率是互相影响的，理想情况是两者都高，但是一般情况下准确率高、召回率就低，召回率低、准确率高，当然如果两者都低，那就是什么地方出现问题了。一般情况，统计一组不同阈值下的精确率和召回率，如图 2-2 所示。

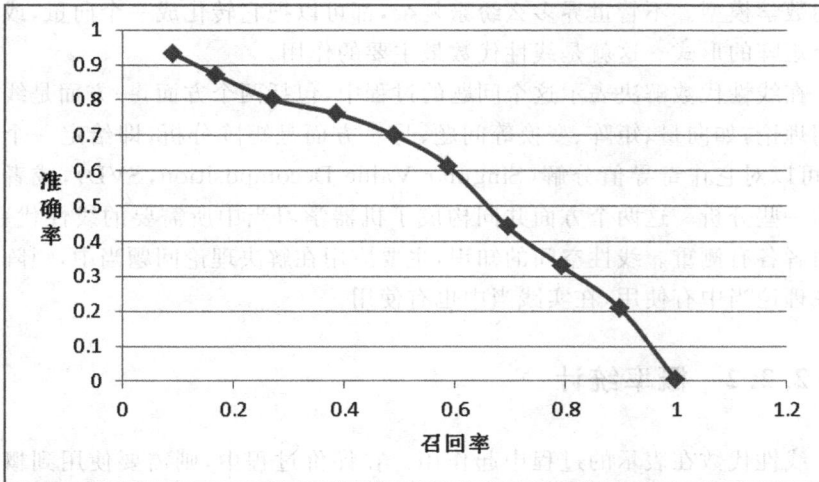

图 2-2　召回率和准确率之间的关系

如果是作搜索，那就是保证召回的情况下提升准确率；如果作疾病监测、反垃圾，则是保证准确率的情况下提升召回。

2.1.3 优化

有了目标函数以后，要求解这个目标函数在模型之下的一个最优解，求得该模型能够获取到的最小错误率，或者最小均方误差，要求出一个特定的值，用于评价不同模型的好坏程度。在优化步骤中，其作用是求解目标函数在模型之下的一个最优解，得到该模型在解决问题的时候，最好能达到什么样的程度。

多明戈斯教授总结机器学习的三个步骤，包括了表示、评价、优化三个步骤，在这三个步骤当中会用到不同的数学公式来分别解决这三个问题。

2.2 数学工具

2.2.1 线性代数

在上述的三个步骤中，应用了三种不同的工具。在表示步骤中，主要使用的工具是线性代数。它起到的一个主要的作用是把具体的事物转化成抽象的数学模型。不管世界多么纷繁复杂，都可以把它转化成一个向量，或者一个矩阵的形式。这就是线性代数最主要的作用。

在线性代数解决表示这个问题的过程中，包括两个方面，一方面是线性空间理论，如向量、矩阵、变换等问题；另一方面是矩阵分析，即给定一个矩阵，可以对它作奇导值分解（Singular Value Decomposition，SVD），或者其他的一些分析。这两个方面共同构成了机器学习当中所需要的线性代数，这两者各有侧重。线性空间的知识，主要应用在解决理论问题当中，矩阵分析在理论当中有使用，在实践当中也有使用。

2.2.2 概率统计

线性代数在表示的过程中起作用。在评价过程中，则需要使用到概率统计。概率统计包括了两个方面，一方面是数理统计，另外一方面是概率论。

机器学习应用的很多模型都是来源于数理统计，如线性回归、逻辑回归。在具体地给定了目标函数后，评价目标函数时，用概率论的知识，给定一个分布，要求解其目标函数的期望值。

在评价模型时，不仅仅只关注目标函数，可能还关注一些它的统计特性，比如置信度。当模型建立起来，它的可信性程度如何。统计学强调可解释性，模型能够达到什么样的指标，能把它清楚讲明白，为什么能够达到这样的指标，它的原理在哪儿？它背后的根据在哪儿？给定一个分布，假如说高斯分布，再给定一个模型，就可以通过严谨而简洁的这个数学推导，把这个结果以公式的形式给它呈现出来。

概率统计是模型和数据组合在一块，是双向的处理。机器学习有学习的阶段，要利用数据去训练模型，模型可以选择，有 K-近邻模型、回归模型、决策树、支持向量机等。训练的任务是用数据来学习这些模型，来确定这个模型的参数，最终得到一个确定的模型。可以看成是在给定数据的情况下，求解参数及条件概率。

具体来说，包括生成模型、判别模型。生成模型求解的是输入输出的一个联合概率分布，判别模型是一个条件概率分布。无论哪种模型，关注的目标都是分布，那么利用数据进行训练的过程也就是学习分布的过程。

在训练结束之后，要用模型进行预测，利用模型推断数据。给定模型，输入可以是一个特征，一些特征的组合，形成一个向量，把输入的向量代入到模型中，求出结果，取概率最大的结果作为输出，这个过程就是利用模型去推断数据的一个过程。所以说，概率统计等于模型和数据的组合，这个组合是双向的。在学习阶段，利用数据来训练模型，在预测阶段，利用模型反过来去推断数据。

在概率统计中，关注的是模型的使用和概率的求解。两者是相互融合的。在建立模型的时候，会利用到先验概率分布。在求解目标函数时，会涉及求解数学期望等操作。

概率论、统计推断、随机过程，是机器学习的核心数学理论，大多数情况下，依据概率论与统计推导出一个机器学习模型或者算法，而最终的计算过程往往要依赖微积分和线性代数。如果仅仅是实现一个机器学习算法，那么掌握必备的微积分和线性代数就足够了，如果想进一步探究机器学习算法为什么是这样的，想解释机器学习模型为什么好用或者不好用，就需要概率论与统计的知识。

推荐阅读：

(1)MIT 的概率系统分析与应用概率 Probabilistic Systems Analysis and Applied Probability(https：//goo. gl/stzNFZ)，在其课程主页中课程视频相关资料和教材都有。这门课的主要教材是 Introduction to Probability (https://goo.gl/qWeZzM)，作者是 Dimitri P. Bertsekas，作者以幽默的语言去诠释概率论，非常吸引人。

（2）陈希儒的《概率论与数理统计》。该教材最经典的是用一个时间段内某个路口发生交通事故的实例去解释泊松分布为什么是长这个样子，力图告诉读者分布背后的故事，而不是拘泥于计算。该课程也有网络视频课程，不熟悉英文课程的也可参考中国科学技术大学出版的概率论与数理统计。

2.2.3　最优化理论

概率统计可以解释成模型和数据的组合，最优化则可以看成是目标和约束的组合。最优化的目标是求解，让期望函数，或者目标函数取到最优值的解，手段是通过调整模型的参数来实现。在很多时候，要求的解是求不出来的。只能一点一点去试，要的最小值或者最大值，它到底在哪儿？这时就会用到最优化的方法，包括梯度下降等。

在使用这些方法的时候，要注意调整参数。一方面是模型的参数，另外一方面还有超参数。调整模型参数，它的作用促使找到真正的最小值，或者找到真正的最大值。对于最优化而言，可以把它看成是目标，还有参数的组合，通过这两者来找到想要的合适的点。

在最优化理论当中，主要的研究方向是凸优化。凸优化的好处是能够简化问题的解。因为在优化中要求的是一个最大值，或者是最小值，但实际中可能会遇到一些局部的极大值，局部的极小值，还有鞍点。凸优化可以避免这个问题。在凸优化中，极大值就是最大值，极小值也就是最小值。

不过，在引入了神经网络还有深度学习之后，凸优化的应用范围越来越窄，主要用到的是无约束优化。在整个范围之内，对参数，对输入并没有限定。在整个的输入范围内去求解，不设置额外的约束条件。同时，在神经网络当中应用最广的一个算法，一个优化方法，即反向传播。

2.3　归一化与正则化

在机器学习常用的算法里面，在预处理阶段，有些需要归一化，有些不需要，本小结了解如何归一化和正则化数据。

先了解下归一化，对于一个机器学习任务来说，首先要有数据，数据怎么来？一种情况是别人整理好的，一种是自己编数据，根据不同的业务场景,提取想要的数据,一般来自各个维度的数据,也就是常说的统计口径不一样,造成的结果是得到的数据大小范围变换非常大,并且可能数据类型也不一样,统计学里面把数据分为数值型数据、分类型数据、顺序型数据,对这些数据怎么处理成统一口径的问题,就是机器学习中数据归一化问题。

机器学习任务一般分为 3 种,分类、回归和聚类,其中聚类也可以看作是分类。如果需要预测的值是离散型数据,就是分类任务,如果预测值是连续型数据,就是回归任务。常用的回归模型,几乎都可以作分类,只需要把输出变为分类的类别数的概率值即可。常用的机器学习模型有广义线性模型、集成模型、线性判别分析、支持向量机、K-近邻、朴素贝叶斯、决策树、感知机、神经网络等。其中广义线性模型包括线性回归、岭回归、Lasso 回归、最小角回归、逻辑回归、贝叶斯回归、多项式回归等。集成的方法包括随机森林、AdaBoost、梯度树提升等。

机器学习中的模型这么多,如何区分哪个需要归一化,哪个不需要? 有一个一般的准则,就是需要归一化的模型,说明该模型关心变量的值,而相对于概率模型来说,关心的是变量的分布和变量之间的条件概率。所以大部分概率模型不需要归一化。还有就是如果模型使用梯度下降法求最优解时,归一化往往非常有必要,否则很难收敛甚至不能收敛。

利用 scikit-learn 工具常用的归一化的方法有以下几种:

1. 均值-标准差归一化

均值-标准差归一化也叫 Z-score 标准化,顾名思义,就是把数据的均值变到 0,方差变到 1,公式为:

$$z = \frac{x - \mu}{\sigma} \tag{2-1}$$

其中:x 是原始数据,z 是变化后的数据,μ 是均值,σ 是方差。一般一个机器学习的数据集都是 $M * N$ 的一个大的矩阵,M 代表样本数,N 代表特征的个数,其中的均值和方差,指的是整个大的矩阵的均值和方差,x 是任意一个样本。

用 scikit-learn[4] 来实现 Z-score 标准化的方法:

```
import numpy as np
from sklearn import preprocessing
from sklearn.datasets import load_diabetes
from sklearn.model_selection import train_test_split
from sklearn.preprocessing import PolynomialFeatures
```

```
f rom sklearn.preprocessing import FunctionTransformer

d iabetes = load_diabetes()
X = diabetes.data
y = diabetes.target
X_train, X_test, y_train, y_test = train_test_split(X, y, random_state= 0)

p rint("X shape:{},y shape:{}".format(X_train.shape, y_train.shape))

X_scaled = preprocessing.scale(X_train, axis= 0, with_mean= True, with_std=
True, copy= True)
m = X_scaled.mean(axis= 0)
s = X_scaled.std(axis= 0)
print("Mean:{}, \n Std:{}".format(m, s))
......
X shape:(331, 10),y shape:(331,)
Mean:[ - 4.46101699e- 17  2.42840323e- 16  2.01248887e- 18
    - 2.12988405e- 17  - 2.34790368e- 17  - 2.49884034e- 17
    - 1.25780554e- 17  - 5.16538809e- 17  - 1.34165924e- 17
    1.67707406e- 17],
  Std:[ 1.  1.  1.  1.  1.  1.  1.  1.  1.  1.]
  ......
```

2. 最大-最小归一化

把数据变到[0,1]区间内,公式为

$$x^* = \frac{x - \min}{\max - \min} \tag{2-2}$$

```
# 最大最小归一化,归一化到[0,1]之间
min_max_scaler = preprocessing.MinMaxScaler()
X_train_minmax = min_max_scaler.fit_transform(X_train)
print()
ma = X_train_minmax.max(axis= 0)
mi = X_train_minmax.min(axis= 0)
print("max:{},\n min:{}".format(ma, mi))
......
max:[ 1.  1.  1.  1.  1.  1.  1.  1.  1.  1.],
  min:[ 0.  0.  0.  0.  0.  0.  0.  0.  0.  0.]
```

……

还有一种是把数据归一到 [−1,1] 之间，公式为：

$$x^* = \frac{x-\mu}{\max-\min} \qquad (2\text{-}3)$$

```
# 最大最小归一化,归一化到[- 1,1]之间
max_abs_scaler = preprocessing.MaxAbsScaler()
x_maxabs = max_abs_scaler.fit_transform(X_train)

ma = x_maxabs.max(axis= 0)
mi = x_maxabs.min(axis= 0)
print("max:{},\n min:{}".format(ma, mi))
……
max:[ 1. 1. 1. 1. 1. 1. 1. 1. 1. 0.98435481],
  min:[- 0.96838121  - 0.88085106  - 0.52930243  - 0.85122699  - 0.70749565
- 0.58158979
  - 0.5646737  - 0.41242062  - 0.94384991 - 1.]
```

3. 正则化

正则化方法包括 L1,L2,max 正则三种方法，在数学里也叫 L1 范数，L2 范数，简单理解就是取绝对值和绝对值的平方在开方得到的结果。

```
X_normalized = preprocessing.normalize(X, norm= 'L2', axis= 1, copy= True,
return_norm= False)
  # L2, L1, max

p rint()
print("{},\n {}".format(X[0], X_normalized[0]))
……
[ 0.03807591  0.05068012  0.06169621  0.02187235  - 0.0442235
  - 0.03482076  - 0.04340085  - 0.00259226  0.01990842
  - 0.01764613],
  [ 0.32100597  0.42726811  0.52014127  0.18439893  - 0.37283438
  - 0.29356288  - 0.36589885  - 0.02185454  0.16784162
  - 0.14876892]
……
# 另一种方法
normalizer = preprocessing.Normalizer(norm= 'L2', copy= True).fit(X)
```

```
X_normalized = normalizer.transform(X)
print()
print("{},\n {}".format(X[0], X_normalized[0]))
......
[ 0.03807591   0.05068012   0.06169621   0.02187235  - 0.0442235
  - 0.03482076   - 0.04340085   - 0.00259226   0.01990842
  - 0.01764613],
 [ 0.32100597   0.42726811   0.52014127   0.18439893  - 0.37283438
  - 0.29356288   - 0.36589885   - 0.02185454   0.16784162
  - 0.14876892]
......
```

下面对常用的模型进行分类,需要说明的是,通常归一化之后,效果会变好,但是到底归一不归一,没有一个确定的说法,还是要用结果说话,归一化做一遍,不归一化做一遍,相比较之后确定是否需要归一化。

1)需要归一化的模型:

(1)神经网络,标准差归一化。

(2)支持向量机,标准差归一化。

(3)线性回归,可以用梯度下降法求解,需要标准差归一化。

(4)PCA。

(5)LDA。

(6)聚类算法基本都需要。

(7)K-近邻,线性归一化,归一到[0,1]区间内。

(8)逻辑回归。

2)不需要归一化的模型:

(1)决策树:每次筛选都只考虑一个变量,不考虑变量之间的相关性,所以不需要归一化。

(2)随机森林:不需要归一化,mtry 为变量个数的均方根。

(3)朴素贝叶斯。

3)需要正则化的模型:

(1)Lasso。

(2)Elastic Net。

第3章　分词

自然语言处理是让计算机能够理解人类语言的一种技术。在其中,分词技术是一种比较基础的模块。对于英文等拉丁语系的语言而言,由于词之间有空格作为词边际表示,词语一般情况下都能简单且准确地提取出来。而中文、日文等文字,除了标点符号之外,字之间紧密相连,没有明显的词边界,因此很难将词提取出来。

分词的意义非常大,在中文中,单字作为最基本的语义单位,虽然也有自己的意义,但表意能力较差,意义较分散,而词的表意能力更强,能更加准确地描述一个事物,因此在自然语言处理中,通常情况下词(包括单字成词)是最基本的处理单位。在具体的应用上,比如在常用的搜索引擎中,term如果是词粒度的话,不仅能够减少每个 term 的倒排列表长度,提升系统性能,并且召回的结果相关性高、更准确。比如搜索"的确",如果是单字切分的话,则有可能召回"你讲的确实在理"这样的文本。分词方法大致分为两种:基于词典的机械切分,基于统计模型的序列标注切分两种方式。

在做文本分析时,首先要做的预处理就是分词。英文单词天然有空格隔开容易按照空格分词,但有时也需要把多个单词作为一个分词,比如一些名词如"New York",需要作为一个词看待。而中文由于没有空格,分词就是一个需要专门去解决的问题了。无论是英文还是中文,分词的原理都类似,本章对文本挖掘时的分词原理进行讲述,即涵盖传统机器学习方法下的分词,也讲述了利用深度学习进行分词的方法。

3.1　分词的基本原理

3.1.1　基于词典的方法

基于词典的方法本质上就是字符串匹配的方法,将一串文本中的文字片段和已有的词典进行匹配,如果匹配到,则此文字片段就作为一个分词结果。但是基于词典的机械切分会遇到多种问题,最为常见的包括歧义切分问题和未登录词识别问题。

1. 歧义切分

歧义切分指的是通过词典匹配给出的切词结果和原来语句所要表达的意思不相符或差别较大，在机械切分中比较常见，比如下面的例子："结婚的和尚未结婚的人"，通过机械切分的方式，会有两种切分结果：①"结婚/的/和/尚未/结婚/的/人"；②"结婚/的/和尚/未/结婚/的/人"。可以明显看出，第二种切分是有歧义的，单纯的机械切分很难避免这样的问题。

2. 未登录词识别

未登录词识别也称作新词发现，指的是词没有在词典中出现，比如一些新的网络词汇，如"网红""走你"；一些未登录的人名、地名；一些外语音译过来的词等。基于词典的方式较难解决未登录词的问题，简单的办法可以通过加词典解决，但是随着字典的增大，可能会引入新的问题，并且系统的运算复杂度也会增加。

3. 基于词典的机械分词改进方法

为了解决歧义切分的问题，在中文分词上有很多优化的方法，常见的包括正向最大匹配、逆向最大匹配、最少分词结果、全切分后选择路径等多种算法。

（1）最大匹配方法

正向最大匹配指的是从左到右对一个字符串进行匹配，所匹配的词越长越好，比如"中国科学院计算研究所"，按照词典中最长匹配原则的切分结果是："中国科学院/计算研究所"，而不是"中国/科学院/计算/研究所"。但是正向最大匹配也会存在一些问题，常见的例子如："他从东经过我家"，使用正向最大匹配会得到错误的结果："他/从/东经/过/我/家。"

逆向最大匹配的顺序是从右向左倒着匹配，如果能匹配到更长的词，则优先选择，上面的例子"他从东经过我家"逆向最大匹配能够得到正确的结果"他/从/东/经过/我/家"。但是逆向最大匹配同样存在问题："他们昨日本应该回来"，逆向匹配会得到错误的结果"他们/昨/日本/应该/回来"。

针对正向逆向匹配的问题，将双向切分的结果进行比较，选择切分词语数量最少的结果。但是最少切分结果同样有问题，比如"他将来上海"，正确的切分结果是"他/将/来/上海"，有 4 个词，而最少切分结果"他/将来/上海"只有 3 个词。

（2）全切分路径选择方法

全切分方法就是将所有可能的切分组合全部列出来，并从中选择最佳的一条切分路径。关于路径的选择方式,一般有 N 最短路径方法,基于词的 N 元语法模型方法等。

N 最短路径方法的基本思想就是将所有的切分结果组成有向无环图,每个切词结果作为一个节点,词之间的边赋予一个权重,最终找到权重和最小的一条路径作为分词结果。

基于词的 N 元语法模型可以看作是 N 最短路径方法的一种优化,不同的是,根据 N 元语法模型,路径构成时会考虑词的上下文关系,根据语料库的统计结果,找出构成句子最大模型概率。一般情况下,使用 unigram 和 bigram 的 N 元语法模型的情况较多,将在下一小节介绍 N 元模型。

3.1.2 基于统计的方法

现代分词都是基于统计的分词,而统计的样本内容来自于一些标准的语料库。假如有一个句子:"小明来到荔湾区",期望语料库统计后分词的结果是:"小明/来到/荔湾/区",而不是"小明/来到/荔/湾区"。那么如何做到这一点?

从统计的角度,期望"小明/来到/荔湾/区"这个分词后句子出现的概率要比"小明/来到/荔/湾区"大。用数学的语言来说,如果有一个句子 S,它有 m 种分词选项如下:

$$A_{11}, A_{12}, \cdots, A_{1n_1}$$
$$A_{21}, A_{22}, \cdots, A_{2n_2}$$
$$\cdots\cdots$$
$$A_{m1}, A_{m2}, \cdots, A_{mn_m}$$

其中,下标 n_i 代表第 i 种分词的词个数。如果我们从中选择了最优的第 r 种分词方法,那么这种分词方法对应的统计分布概率应该最大,即:

$$r = \underbrace{\arg\max}_{i} P(A_{i1}, A_{i2}, \cdots, A_{in_i}) \tag{3-1}$$

但概率分布 $P(A_{i1}, A_{i2}, \cdots, A_{in_i})$ 并不容易计算,因为涉及 n_i 个分词的联合分布。在 NLP 中,为了简化计算,通常使用马尔科夫假设,即每一个分词出现的概率仅仅和前一个分词有关,即:

$$P(A_{ij} | A_{i1}, A_{i2}, \cdots, A_{i(j1)}) = P(A_{ij} | A_{i(j1)}) \tag{3-2}$$

使用了马尔科夫假设,则联合分布为:

$$P(A_{i1}, A_{i2}, \cdots, A_{in_i}) = P(A_{i1}) P(A_{i2} | A_{i1}) P(A_{i3} | A_{i2}) \cdots P(A_{in_i} | A_{i(n_i - 1)}) \tag{3-3}$$

而通过标准语料库可以近似地计算出所有的分词之间的二元条件概

率,比如任意两个词 w_1,w_2,它们的条件概率分布可以近似地表示为

$$P(w_2 \mid w_1) = \frac{P(w_1, w_2)}{P(w_1)} \approx \frac{freq(w_1, w_2)}{freq(w_1)}$$

$$P(w_1 \mid w_2) = \frac{P(w_2, w_1)}{P(w_2)} \approx \frac{freq(w_1, w_2)}{freq(w_2)}$$

(3-4)

其中,$freq(w_1, w_2)$ 表示 w_1,w_2 在语料库中相邻一起出现的次数,而其中 $freq(w_1)$,$freq(w_2)$ 分别表示 w_1,w_2 在语料库中出现的统计次数。

利用语料库建立的统计概率,对于一个新的句子就可以通过计算各种分词方法对应的联合分布概率,找到最大概率对应的分词方法,即为最优分词。

3.1.3 N 元模型

只依赖于前一个词或许太武断,那么依赖于前两个词呢?即:

$$P(A_{i1}, A_{i2}, \cdots, A_{in_i}) = P(A_{i1})P(A_{i2} \mid A_{i1})P(A_{i3} \mid A_{i1}, A_{i2})$$
$$\cdots P(A_{in_i} \mid A_{i(n_i-2)}, A_{i(n_i-1)})$$

(3-5)

只是联合分布的计算量大大增加。一般称只依赖于前一个词的模型为二元模型(Bi-Gram model),而依赖于前两个词的模型为三元模型。以此类推,可以建立四元模型,五元模型,……一直到通用的 N 元模型。越往后,概率分布的计算复杂度越高,算法的原理是类似的。

在实际应用中,N 一般都较小,一般都小于 4,主要原因是 N 元模型概率分布的空间复杂度为 $O(|V|^N)$,其中 $|V|$ 为语料库大小,而 N 为模型的元数,当 N 增大时,复杂度呈指数级的增长。

基于 N 元模型的分词方法虽然好,但在实际中应用也有很多问题,首先,某些生僻词,或者相邻分词联合分布在语料库中没有,概率为 0。这种情况一般会使用拉普拉斯平滑,即给它一个较小的概率值。第二个问题是如果句子长,分词情况多,计算量非常大,可以用维特比算法来优化算法时间复杂度。

3.1.4 维特比算法在分词中的应用

对于一个有多种分词可能的长句子,可以使用暴力方法计算出所有的分词可能的概率,再找出最优分词方法。但用维特比算法可以大大简化求出最优分词的时间。

维特比算法[5]常用于隐马尔科夫模型(Hidden Markov Model,HMM)的解码过程,但它是一个通用的求序列最短路径的方法,也可以用于其他的

序列最短路径算法，比如最优分词。

维特比算法采用动态规划来解决这个最优分词问题。首先看一个简单的分词例子："人生如梦境"。它的可能分词可以用，如图 3-1 所示的概率图表示。

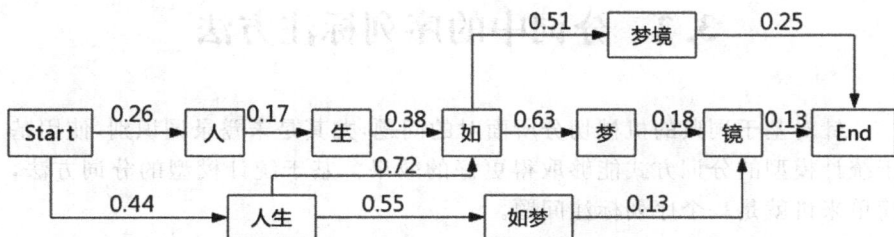

图 3-1　分词的概率图表示

图中箭头为通过统计语料库得到的各分词条件概率。维特比算法需要找到从 Start 到 End 之间的一条最短路径。对于在 End 之前的任意一个当前局部节点，需要计算到达该节点的最大概率 δ，和到达当前节点满足最大概率的前一节点位置 Ψ。

维特比算法的计算过程：

首先初始化为：
$$\delta(人)= 0.26\ \Psi(人)= Start\quad \delta(人生)= 0.44\ \Psi(人生)= Start$$

对于节点"生"，只有一个前向节点，因此有：
$$\delta(生)= \delta(人)P(生|人)= 0.0442\ \Psi(生)= 人$$

对于节点"如"，情况稍微复杂一点，因为它有多个前向节点，要计算出到"如"概率最大的路径：
$$\delta(如)= \max\{\delta(生)P(如|生),\delta(人生)P(如|人生)\}$$
$$= \max\{0.01680,0.3168\}$$
$$= 0.3168\ \Psi(如)$$
$$= 人生$$

类似的方法可以用于其他节点如下：
$$\delta(如梦)= \delta(人生)P(如梦|人生)= 0.242\ \Psi(如梦)= 人生$$
$$\delta(梦)= \delta(如)P(梦|如)= 0.1996\ \Psi(梦)= 如$$
$$\delta(梦境)= \delta(梦境)P(梦境|如)= 0.1585\ \Psi(梦境)= 如$$

最后看最终节点 End：
$$\delta(End)= \max\{\delta(梦境)P(End|梦境),\delta(境)P(End|境)\}$$
$$= \max\{0.0396,0.0047\}$$
$$= 0.0396\ \Psi(End)$$
$$= 梦境$$

由于最后的最优解为"梦境",现在开始用 Ψ 反推：

Ψ(End)= 梦境→Ψ(梦境)= 如→Ψ(如)= 人生→Ψ(人生)= start

从而最终的分词结果为"人生/如/梦境"。

3.2　分词中的序列标注方法

针对基于词典的机械切分所面对的问题,尤其是未登录词识别,使用基于统计模型的分词方式能够取得更好的效果。基于统计模型的分词方法,简单来讲就是一个序列标注问题。

在一段文字中,可以将每个字按照他们在词中的位置进行标注,常用的标记有以下四个标记:B,Begin,表示这个字是一个词的首字;M,Middle,表示这是一个词中间的字;E,End,表示这是一个词的尾字;S,Single,表示这是单字成词。分词的过程就是将一段字符输入模型,然后得到相应的标记序列,再根据标记序列进行分词。举例来说:"阿里巴巴是企业大数据服务商",经过模型后得到的理想标注序列是:"BMMESBEBMEBME",最终还原的分词结果是"阿里巴巴/是/企业/大数据/服务商"。

在 NLP 领域中,解决序列标注问题的常见模型主要有 HMM 和 CRF。

3.2.1　隐马尔科夫模型

隐马尔科夫模型应用非常广泛,基本的思想就是根据观测值序列找到真正的隐藏状态值序列。在中文分词中,一段文字的每个字符可以看作是一个观测值,而这个字符的词位置(BEMS)可以看作是隐藏的状态。使用 HMM 的分词,通过对切分语料库进行统计,可以得到模型中 5 大要素:起始概率矩阵、、移概率矩阵、发射概率矩阵、观察值集合、状态值集合。

隐马尔科夫模型[6],如果一个过程的"将来"仅依赖"现在"而不依赖"过去",则此过程具有马尔科夫性,或称此过程为马尔科夫过程。马尔科夫链是时间和状态参数都离散的马尔科夫过程。HMM 是在 Markov 链的基础上发展起来的,由于实际问题比 Markov 链模型所描述的更为复杂,观察到的时间并不是与状态一一对应的,而是通过一组概率分布相联系,这样的模型称为 HMM。HMM 是双重随机过程:其中之一是 Markov 链,这是基本随机过程,它描述状态的转移,是隐含的。另一个随机过程描述状态和观察值之间的统计对应关系,是可被观测的。

一个隐马尔可夫模型是一个三元组(π, A, B)。

$\pi = (\pi_i)$：初始化概率向量

$A = (a_{ij})$：状态转移矩阵

$B = (b_{ij})$：混淆矩阵

在状态转移矩阵及混淆矩阵中的每一个概率都是时间无关的——也就是说，当系统演化时这些矩阵并不随时间改变。实际上，这是马尔科夫模型关于真实世界最不现实的一个假设。

一旦一个系统可以作为 HMM 被描述，就可以用来解决三个基本问题。一是给定 HMM 求一个观察序列的概率（评估）；二是搜索最有可能生成一个观察序列的隐藏状态序列（解码）；三是给定观察序列生成一个HMM（学习）。

在概率矩阵中，起始概率矩阵表示序列第一个状态值的概率，在中文分词中，理论上 M 和 E 的概率为 0。转移概率表示状态间的概率，比如 B—>M 的概率，E—>S 的概率等。而发射概率是一个条件概率，表示当前这个状态下，出现某个字的概率，比如 P(人|B) 表示在状态为 B 的情况下人字的概率。

有了三个矩阵和两个集合后，HMM 问题最终转化成求解隐藏状态序列最大值的问题，求解这个问题最常使用的是 Viterbi 算法，见上一小节。

举例说明：

小明硕士毕业于中国科学院计算所

得到 BEMS 组成的序列为

BEBEBMEBEBMEBES

因为句尾只可能是 E 或者 S，所以得到切词方式为

BE/BE/BME/BE/BME/BE/S

进而得到中文句子的切词方式为

小明/硕士/毕业于/中国/科学院/计算/所

这是个 HMM 问题，因为想要得到的是每个字的位置，但是看到的只是这些汉字，需要通过汉字来推出每个字在词语中的位置，并且每个字属于什么状态与它之前的字有关。

此时，我们需要根据可观察状态的序列找到一个最可能的隐藏状态序列。先来认识五元组、三类问题、两个假设等几个问题。

1. 五元组

通过上面的例子，可以知道 HMM 有以下 5 个要素。

观测序列——O：

小明硕士毕业于中国科学院计算所

状态序列——S：

BEBEBMEBEBMEBES

初始状态概率向量——π：

句子的第一个字属于{B,E,M,S}这四种状态的概率如下。

	P
B	-0.263
E	-3.14e+100
M	-3.14e+100
S	-1.465

状态转移概率矩阵——A：

如果前一个字位置是 B，那么后一个字位置为 BEMS 的概率如下。

	B	E	M	S
B	-3.14e+100	-0.511	-0.916	-3.14e+100
E	-0.590	-3.14e+100	-3.14e+100	-0.809
M	-3.14e+100	-0.333	-1.260	-3.14e+100
S	-0.721	-3.14e+100	-3.14e+100	-0.666

观测概率矩阵——B：

在状态 B 的条件下，观察值为耀的概率，取对数后是 - 10.460。

	耀	涉	谈	伊	洞	...
B	-10.460	-8.766	-8.039	-7.683	-8.669	...
E	-9.267	-9.096	-8.436	-10.224	-8.366	...
M	-8.476	-10.560	-8.345	-8.022	-9.548	...
S	-10.006	-10.523	-15.269	-17.215	-8.370	...

备注:示例数值是对概率值取对数之后的结果,为了将概率相乘的计算变成对数相加,其中－3.14e＋100 作为负无穷,也就是对应的概率值是 0。

2. 三类问题

当通过五元组中某些已知条件来求未知时,就得到 HMM 的三类问题:

①似然度问题:参数(O,π,A,B)已知的情况下,求(π,A,B)下观测序列 O 出现的概率。(Forward-backward 算法)

②解码问题:参数(O,π,A,B)已知的情况下,求解状态值序列 S。(Viterbi 算法)

③学习问题:参数(O)已知的情况下,求解(π,A,B)。(Baum-Welch 算法)

中文分词这个例子属于第二个问题,即解码问题,如图 3-2 所示。

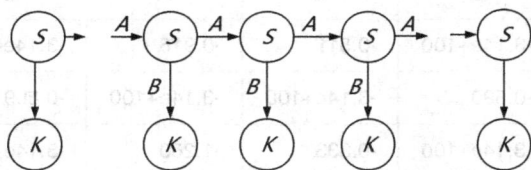

图 3-2 分词序列示意图

希望找到 $s_1,s_2,s_3,\cdots$ 使 $P(s_1,s_2,s_3,\cdots|o_1,o_2,o_3,\cdots)$ 达到最大。

意思是,当观测到语音信号 $o_1,o_2,o_3,\cdots$ 时,我们要根据这组信号推测出发送的句子 $s_1,s_2,s_3,\cdots$ 显然,应该在所有可能的句子中找最有可能性的一个。

3. 两个假设

利用贝叶斯公式得到:

$$P(s_1,s_2,s_3,\cdots|o_1,o_2,o_3,\cdots)=P(o_1,o_2,o_3,\cdots|s_1,s_2,s_3,\cdots)$$
$$\times P(s_1,s_2,s_3,\cdots)$$

这里需要用到两个假设来进一步简化上述公式:

有限历史性假设:s_i 只由 s_{i-1} 决定

$$P(s_i|s_{i-1},s_{i-2},\cdots s_1)=P(s_i|s_{i-1})$$

独立输出假设:第 i 时刻的接收信号 o_i 只由发送信号 s_i 决定

$$P(o_1,o_2,o_3,\cdots|s_1,s_2,s_3,\cdots)=P(o_1|s_1)\times P(o_2|s_2)\times P(o_3|s_3)\cdots$$

有了上面的假设,就可以利用 Viterbi 算法找出目标概率的最大值。

根据上面讲的 HMM 和 Viterbi,接下来对中文分词这个问题,构造五元组并用算法进行求解。

初始状态 InitStatus：π

	P
B	-0.263
E	-3.14e+100
M	-3.14e+100
S	-1.465

转移概率 TransProbMatrix：A

	B	E	M	S
B	-3.14e+100	-0.511	-0.916	-3.14e+100
E	-0.590	-3.14e+100	-3.14e+100	-0.809
M	-3.14e+100	-0.333	-1.260	-3.14e+100
S	-0.721	-3.14e+100	-3.14e+100	-0.666

发射概率 EmitProbMatrix：B

	耀	涉	谈	伊	洞	…
B	-10.460	-8.766	-8.039	-7.683	-8.669	…
E	-9.267	-9.096	-8.436	-10.224	-8.366	…
M	-8.476	-10.560	-8.345	-8.022	-9.548	…
S	-10.006	-10.523	-15.269	-17.215	-8.370	…

（1）Viterbi 求解

经过这个算法后，会得到两个矩阵 weight 和 path：

二维数组 weight[4][15]，4 是状态数（0：B，1：E，2：M，3：S），15 是输入句子的字数。比如 weight[0][2] 代表状态 B 的条件下，出现"硕"这个字的可能性。

二维数组 path[4][15]，4 是状态数（0：B，1：E，2：M，3：S），15 是输入句子的字数。比如 path[0][2] 代表 weight[0][2] 取到最大时，前一个字的

状态，比如 path[0][2] = 1，则代表 weight[0][2]取到最大时，前一个字（也就是明）的状态是 E。记录前一个字的状态是为了使用 Viterbi 算法计算完整个 weight[4][15] 之后，能对输入句子从右向左地回溯回来，找出对应的状态序列。

		小	明	硕	士	毕	业	于	中	国	科	学	院	计	算	所
		0	1	2	3	4	5	6	7	8	9	10	11	12	13	14
B	0	-	-	-	-	-	-	-	-	-	-	-	-	-	-	-
E	1	-	-	-	-	-	-	-	-	-	-	-	-	-	-	-
M	2	-	-	-	-	-	-	-	-	-	-	-	-	-	-	-
S	3	-	-	-	-	-	-	-	-	-	-	-	-	-	-	-

（2）对 weight 进行初始化

使用 InitStatus 和 EmitProbMatrix 对 weight 二维数组进行初始化。由 EmitProbMatrix 可以得出

	小
B	-5.79545
E	-7.36797
M	-5.09518
S	-6.2475

所以可以初始化 weight[i][0] 的值如下：

		小
		0
B	0	= -0.263 + -5.795 = -6.058
E	1	= -3.14e+100 + -7.368 = -3.14e+100
M	2	= -3.14e+100 + -5.095 = -3.14e+100
S	3	= -1.465 + -6.248 = -7.713

注意上式计算的时候是相加而不是相乘，因为之前取过对数的原因。

然后遍历找到 weight 每项的最大值,同时记录了相应的 path。如此遍历下来,weight[4][15] 和 path[4][15] 就都计算完毕。

(3)确定边界条件和路径回溯

边界条件如下:

对于每个句子,最后一个字的状态只可能是 E 或者 S,不可能是 M 或者 B。

所以在本文的例子中只需要比较 weight[1(E)][14] 和 weight[3(S)][14] 的大小即可。

在本例中:

```
weight[1][14] = - 102.492;
weight[3][14] = - 101.632;
```

所以 S＞E,也就是对于路径回溯的起点是 path[3][14]。

进行回溯,得到序列:

SEBEMBEBEMBEBEB

再进行倒序,得到

BEBEBMEBEBMEBES

接着进行切词得到

BE/BE/BME/BE/BME/BE/S

最终就找到了分词的方式

小明/硕士/毕业于/中国/科学院/计算/所

HMM 不只用于中文分词,如果把 S 换成句子,O 换成语音信号,就变成了语音识别问题,如果把 S 换成中文,O 换成英文,就变成了翻译问题,如果把 S 换成文字,O 换成图像,就变成了文字识别问题,此外还有词性标注等问题。

对于上述每种问题,只要知道了五元组中的三个参数矩阵,就可以应用 Viterbi 算法得到结果。

3.2.2　条件随机场

条件随机场(Conditional Random Field,CRF),用来解决序列标注问题,该方法是由 John Lafferty 于 2001 年发表在国际机器学习大会 ICML

上的一篇经典文章"*Conditional Random Fields：Probabilistic Models for Segmenting and Labeling Sequence Data*"[7]所引入，对后人的研究起到了非常大的引领作用。特别是标注问题在很多自然科学领域有广泛应用，在自然语言处理领域对于自动分词、命名实体标注等问题都以这篇文章作为开山之作。CRF 是一种概率无向图判别式模型，解决了 HMM（隐马尔科夫）和 MEMM（最大熵马尔科夫）模型在序列标注中的标注偏差（bias）问题。

CRF 使用一个单独的指数模型来表示在给定观测序列条件下整个序列的标签的联合概率，不同状态下的不同特征能够相互进行平衡。同时，可以把 CRF 当作一个具有非规范化的转移概率的有限状态模型，使用 MLE 或者 MAP 进行学习之后可以得到一个定义良好的可能标注的概率分布。同时，训练的损失函数是凸函数，保证了全局收敛性，是无约束凸优化问题，具有非常好的实用性。

CRF 是 HMM 的 conditional 求解。条件随机场就是对给定的输出标识序列 Y 和观察序列 X，条件随机场通过定义条件概率 $p(X|Y)$。

其条件概率为：

$$P(Y \mid X) = \frac{\prod_j \Psi_j(\vec{x}, \vec{y})}{Z(\vec{x})} \tag{3-6}$$

因为因子 $\Psi_j(\vec{x}, \vec{y})$ 可以写出特征函数 exp 的形式：

$$\Psi_j(\vec{x}, \vec{y}) = \exp\left(\sum_i \lambda_i f_i(y_{i-1}, y_i, \vec{x})\right) \tag{3-7}$$

特征函数之所以定义成 $f_i(y_{i-1}, y_i, \vec{x})$ 而非 $f_i(y_i, \vec{x})$，是因为 Linear-chain CRF 对随机场作了 Markov 假设。那么，CRF 建模的式子可改写为：

$$P(Y \mid X) = \frac{\exp\left(\sum_{i,j} \lambda_i f_i(y_{i-1}, y_i, \vec{x})\right)}{Z(\vec{x})} \tag{3-8}$$

$$= \frac{1}{Z(\vec{x})} \prod_j \exp\left(\sum_i \lambda_i f_i(y_{i-1}, y_i, \vec{x})\right)$$

综合起来，具体 CRF 模型的过程如下：

CRF模型算法

Data: X-Set of observable features

　　　Y-Set of hidden labels

Results: $\hat{y}$-the best model that maximizes Y.

for　n= 1,2,…,length(X) do

　　　take training pair (x_n, y_n) and compute conditional probabilities using the model:

1. $\hat{y}_n = \arg_y \max P(y_n \mid x_n)$, where

2. $P(Y \mid X) = \dfrac{1}{Z(\vec{X})} \prod_j {}_{i \in n} \Phi_i(y_i, x_i)$, and

3. $\varphi_i(y_i, x_i) = \exp(\sum_k \lambda_k f_k(y_i, x_i))$ and $Z(x) = \sum y \prod_{i \in n} \varphi(y_i, x_i)$

return $\hat{y} = \{\hat{y}_1, \hat{y}_2, \cdots, \hat{y}_n\}$

CRF 要比 HMM 更加强大,它可以定义数量更多,种类更丰富的特征函数。HMM 模型具有天然具有局部性,在 HMM 模型中,当前的单词只依赖于当前的标签,当前的标签只依赖于前一个标签。这样的局部性限制了 HMM 只能定义相应类型的特征函数,但是 CRF 却可以着眼于整个句子序列定义更具有全局性的特征函数。

在实际应用中有很多工具包可以使用,比如 CRF＋＋,CRFsuite,SGD,Wapiti 等,其中 CRF＋＋的准确度较高。在分词中使用 CRF＋＋时,主要的工作是特征模板的配置。CRF＋＋支持 unigram,bigram 两种特征,分别以 U 和 B 开头。举例来讲 U00:％x[－2,0] 表示第一个特征,特征取值是当前字的前方第二个字,U01:％x[－1,0] 表示第二个特征,特征取值当前字前一个字,U02:％x[0,0] 表示第三个特征,取当前字,以此类推。特征模板可以支持多种特征,CRF＋＋会根据特征模板提取特征函数,用于模型的建立和使用。特征模板的设计对分词效果及训练时间影响较大,需要分析尝试找到适用的特征模板。

3.2.3　EM 算法

最大似然估计和 EM 算法都是根据实现结果求解概率分布的最佳参数 θ,但最大似然估计中知道每个结果对应哪个概率分布,而 EM 算法面临的问题是:不知道哪个概率分布实现了该结果。如何在不知道其概率分布的情况下求解其问题,则需要 EM 算法。EM 全称为 Expectation Maximization ,即期望最大化。用于含隐变量的极大似然估计。定义符号如下:

观察到的数据集记为 X;

隐变量记为 Z;

待估计的参数记为 Θ;

并令:$Y = (X, Z)$,在给定 X 的情况下,估计 Θ 的方法通常为极大似然估计,简称 MLE:

$$\Theta = argmax_\Theta L(X \mid \Theta) \tag{3-9}$$

但并不是每次都有解析解。当求解困难时就可以引入隐变量,利用 EM 算法来迭代求解,近似 MLE 过程。具体过程如下:

E 步：

$$Q(\Theta^{t+1}|\Theta^t)=E[\ln P(Y|\Theta^{t+1})|\Theta^t,X] \tag{3-10}$$

M 步：

$$\Theta=\mathrm{argmax}Q(\Theta^{t-1}|\Theta^t) \tag{3-11}$$

不断的重复，直到 Θ 收敛。

3.3　深度学习下的分词

随着 AlphaGo 的大显神威，深度学习（Deep Learning）[8]的热度进一步提高。深度学习来源于传统的神经网络模型。传统的神经网络一般由输入层、隐藏层、输出层组成，其中隐藏层的数目按需确定。深度学习可以简单的理解为多层神经网络，但是深度学习却不仅仅是神经网络。深度模型将每一层的输出作为下一层的输入特征，通过将底层的简单特征组合成为高层的更抽象的特征来进行学习。在训练过程中，通常采用贪婪算法，一层层的训练，比如在训练第 k 层时，固定训练好的前 $k-1$ 层的参数进行训练，训练好第 k 层之后的以此类推进行一层层训练。

深度学习在很多领域都有所应用，在图像和语音识别领域中已经取得巨大的成功。从 2012 年开始，LSVRC（Large Scale Visual Recognition Challenge）比赛中，基于 Deep Learningd 计算框架一直处于领先。2015 年 LSVRC（http://www.image-net.org/challenges/LSVRC/2015/results）的比赛中，微软亚洲研究院（MSRA）在图像检测（Object detection），图像分类定位（Object Classification＋localization）上夺冠，他们使用的神经网络深达 152 层。

3.3.1　在 NLP 中的应用

在自然语言处理上，深度学习在机器翻译、自动问答、文本分类、情感分析、信息抽取、序列标注、语法解析等领域都有广泛的应用。2013 年末 Google 发布的 word2vec 工具，可以看作是深度学习在 NLP 领域的一个重要应用，虽然 word2vec 只有三层神经网络，但是已经取得非常好的效果。通过 word2vec，可以将一个词表示为词向量，将文字数字化，更好地让计算机理解。使用 word2vec 模型，我们可以方便地找到同义词或联系紧密的词，或者意义相反的词等，如图 3-3 所示，在 NBA 体育语料中，显示与"韦德"相近的词。

图 3-3　基于微信数据制作的 **word2vec** 模型测试

3.3.2　基于深度学习方式的分词方法

分词的基础思想还是使用序列标注问题,将一个句子中的每个字标记成 BEMS 四种标记。模型整的输入是字符序列,输出是一个标注序列,因此这是一个标准的 sequence to sequence 问题。因为一个句子中每个字的上下文对这个字的标记类型影响很大,因此考虑使用 RNN 模型来解决。

1. 环境介绍

测试环境在软件方面使用 python2.7,安装好 Keras,Theano 及相关库。

Keras(http://keras.io)[9] 是一个非常易用的深度学习框架,使用 python 语言编写,是一个高度模块化的神经网络库,后端同时支持 Theano 和 TensorFlow,而 Theano 和 TensorFlow 支持 GPU,因此使用 Keras 可以使用 GPU 加速模型训练。Keras 中包括了构建模型常用的模块,如 Optimizers 优化方法模块,Activations 激活函数模块,Initializations 初始化模块,Layers 多种网络层模块等,可以非常方便快速地搭建一个网络模型,使得开发人员可以快速上手,并将精力放在模型设计而不是具体实现上。常见的神经网络模型如 CNN,RNN 等,使用 Keras 都可以很快搭建出来,开发人员只需要将数据准备成 Keras 需要的格式丢进网络训练即可。如果对 Keras 中自带的 layer 有更多的需求,Keras 还可以自己定制所需的 layer。

2. 模型训练

模型训练使用的是经典的 bakeoff 2005 中的微软研究院的切分语料，将其中的训练 Train 部分作训练集，将 Test 部分作为最终的测试集。

3. 训练数据准备

首先，将训练样本中出现的所有字符全部映射成对应的数字，将文本数字化，形成一个字符到数据的映射。在分词中，一个词的标记受上下文影响很大，因此将一个长度为 n 个字符的输入文本处理成 n 个长度为 k 的向量，k 为奇数。

举例来说，当 $k=7$ 时，表示考虑了一个字前 3 个字和后 3 个字的上下文，将这 7 个字作为一个输入，输出就是这个字的标记类型（BEMS）。

4. 基础模型建立

采用一层的 LSTM 构建网络，代码如图 3-4 所示。

```python
def get_lstm_model(input_dim, input_length, nb_classes,
                   hidden_node=100):
    model = Sequential()
    model.add(Embedding(input_dim, hidden_node,
                        input_length=input_length))
    model.add(LSTM(hidden_node))
    model.add(Dropout(0.5))
    model.add(Dense(nb_classes))
    model.add(Activation('softmax'))
    model.compile(loss='categorical_crossentropy',
                  optimizer='rmsprop',
                  metrics=["accuracy"])
    return model
```

图 3-4　基于 LSTM 构建网络

其中，输入的维度 input_dim 是字符类别总数，hidden_node 是隐藏层的结点个数。在上面的模型中，第一层输入层 Embedding 的作用是将输入的整数向量化。在现在这个模型中，输入是一个一维向量，里面每个值是字符对应的整数，Embedding 层就可以将这些整数向量化，简单来讲就是生成了每个字的字向量。

接下来紧跟着一层是 LSTM，它输出维度也是隐藏层的结点个数。Dropout 层的作用是让一些神经节点随机不工作，来防止过拟合现象。Dense 层是最后的输出，这里 nb_classes 的数目是 4，代表一个字符的 label。模型建立好后开始训练，重复 20 次，训练的结果如图 3-5 所示。

训练好后，使用 msr_test 的测试数据进行分词，并将最终的分词结果使用 icwb2 自带的脚本进行测试，结果如图 3-6 所示。

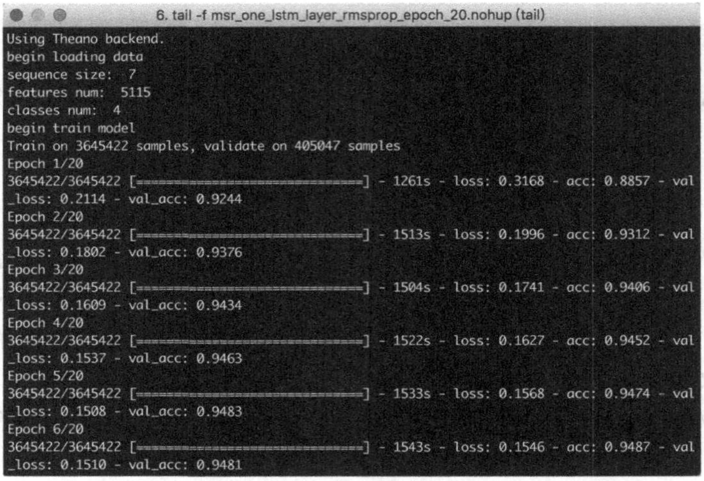

图 3-5　基础模型(1 层 LSTM 优化器 RMSprop)训练 20 次

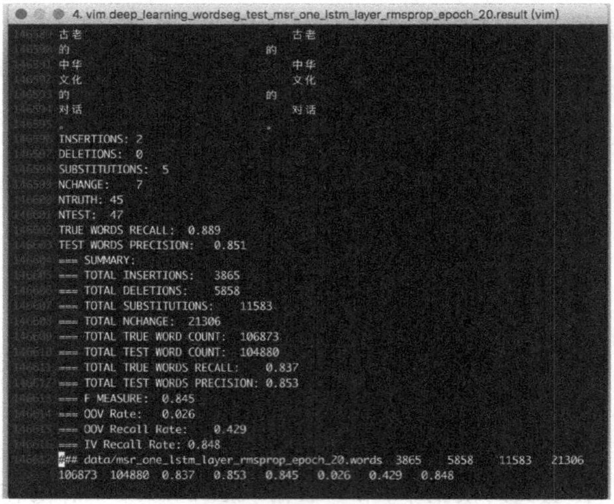

图 3-6　基础模型 F Score 值

　　可以看到基础模型的 F 值一般,比传统的 CRF 效果差的较多,因此考虑优化模型。

3.3.3　模型优化过程

1.模型参数调整

　　首先想到的是模型参数的调整。Keras 官方文档中提到,RMSprop 优化方法在 RNN 网络中通常是一个好的选择，但是在尝试了其他的优化器后，比如 Adam，发现可以取得更好的效果，如图 3-7 所示。

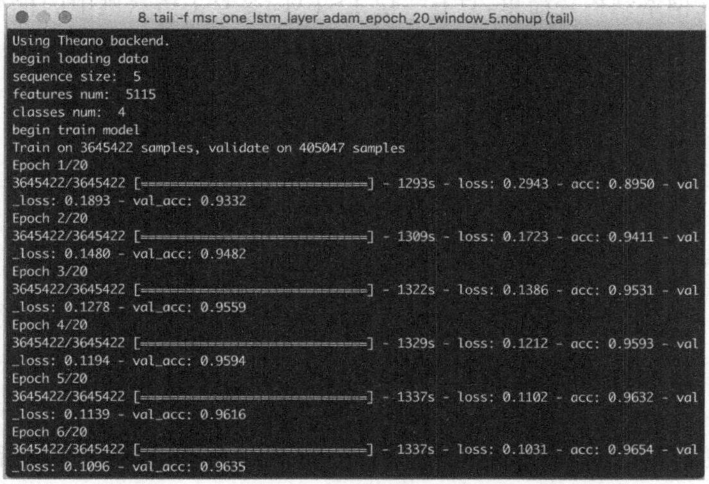

```
8. tail -f msr_one_lstm_layer_adam_epoch_20_window_5.nohup (tail)
Using Theano backend.
begin loading data
sequence size:  5
features num:  5115
classes num:  4
begin train model
Train on 3645422 samples, validate on 405047 samples
Epoch 1/20
3645422/3645422 [==============================] - 1293s - loss: 0.2943 - acc: 0.8950 - val
_loss: 0.1893 - val_acc: 0.9332
Epoch 2/20
3645422/3645422 [==============================] - 1309s - loss: 0.1723 - acc: 0.9411 - val
_loss: 0.1480 - val_acc: 0.9482
Epoch 3/20
3645422/3645422 [==============================] - 1322s - loss: 0.1386 - acc: 0.9531 - val
_loss: 0.1278 - val_acc: 0.9559
Epoch 4/20
3645422/3645422 [==============================] - 1329s - loss: 0.1212 - acc: 0.9593 - val
_loss: 0.1194 - val_acc: 0.9594
Epoch 5/20
3645422/3645422 [==============================] - 1337s - loss: 0.1102 - acc: 0.9632 - val
_loss: 0.1139 - val_acc: 0.9616
Epoch 6/20
3645422/3645422 [==============================] - 1337s - loss: 0.1031 - acc: 0.9654 - val
_loss: 0.1096 - val_acc: 0.9635
```

图 3-7　1 层 LSTM 优化器 Adam 训练 20 次

可以看到，Adam 在训练过程中的精度就已经高于 RMSprop，使用 icwb2 的测试结果，修改优化器 Adam 后的模型 F Score 为 0.889，如图 3-8 所示。

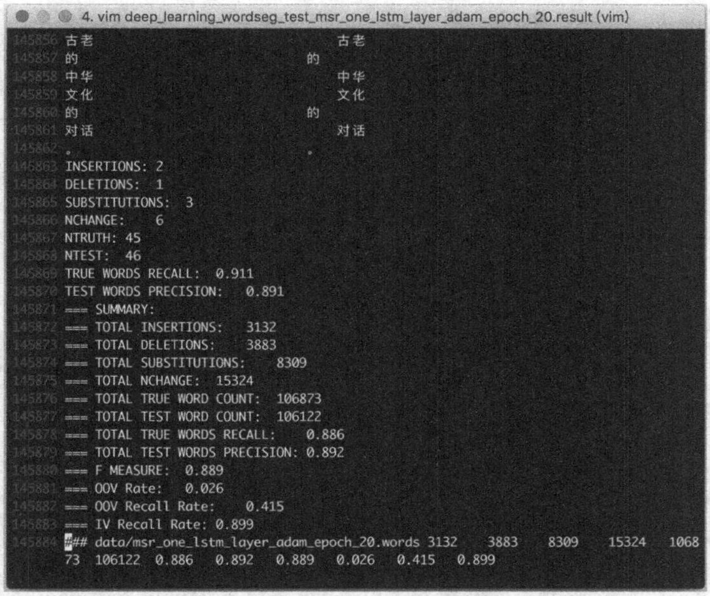

```
4. vim deep_learning_wordseg_test_msr_one_lstm_layer_adam_epoch_20.result (vim)
古老                                古老
的                              的
中华                                中华
文化                                文化
的                              的
对话                                对话
。                              。
INSERTIONS: 2
DELETIONS:  1
SUBSTITUTIONS:  3
NCHANGE:    6
NTRUTH: 45
NTEST:  46
TRUE WORDS RECALL:  0.911
TEST WORDS PRECISION:    0.891
=== SUMMARY:
=== TOTAL INSERTIONS:    3132
=== TOTAL DELETIONS:     3883
=== TOTAL SUBSTITUTIONS:     8309
=== TOTAL NCHANGE:  15324
=== TOTAL TRUE WORD COUNT:  106873
=== TOTAL TEST WORD COUNT:  106122
=== TOTAL TRUE WORDS RECALL:    0.886
=== TOTAL TEST WORDS PRECISION: 0.892
=== F MEASURE:  0.889
=== OOV Rate:   0.026
=== OOV Recall Rate:    0.415
=== IV Recall Rate: 0.899
### data/msr_one_lstm_layer_adam_epoch_20.words 3132    3883    8309    15324   1068
73  106122  0.886   0.892   0.889   0.026   0.415   0.899
```

图 3-8　修改优化器 Adam 后的模型 F Score

2. 模型结构改变

现在网络结构较简单，只有一层 LSTM，参考文档示例中的模型设计，考虑使用两层的 LSTM 来进行测试，修改后的代码如图 3-9 所示。

```
def get_lstm_model(input_dim, input_length, nb_classes,
                   hidden_node=100):
    model = Sequential()
    model.add(Embedding(input_dim, hidden_node,
                        input_length=input_length))
    model.add(LSTM(hidden_node, return_sequences =True))
    model.add(LSTM(hidden_node))
    model.add(Dropout(0.5))
    model.add(Dense(nb_classes))
    model.add(Activation('softmax'))
    model.compile(loss='categorical_crossentropy',
                  optimizer='adam', metrics=["accuracy"])
    return model
```

图 3-9　两层的 LSTM

注意，第一层 LSTM 有个 return_sequences ＝True 可以将最后一个结果输入到输出序列，保证输出的 tensor 是 3D 的，因为 LSTM 的输入要求是 3D 的 tensor。

两层 LSTM 模型训练过程如图 3-10 所示。

```
4. vim deep_learning_wordseg_test_msr_two_layer_adam_epoch_20.result (vim)
古老                                  古老
的                              的
中华                                  中华
文化                                  文化
的                              的
对话                                  对话
。                              。
INSERTIONS: 2
DELETIONS:  1
SUBSTITUTIONS:  5
NCHANGE:    8
NTRUTH: 45
NTEST:  46
TRUE WORDS RECALL:  0.867
TEST WORDS PRECISION:   0.848
=== SUMMARY:
=== TOTAL INSERTIONS:   3365
=== TOTAL DELETIONS:    3786
=== TOTAL SUBSTITUTIONS:    8215
=== TOTAL NCHANGE:  15366
=== TOTAL TRUE WORD COUNT:  106873
=== TOTAL TEST WORD COUNT:  106452
=== TOTAL TRUE WORDS RECALL:    0.888
=== TOTAL TEST WORDS PRECISION: 0.891
=== F MEASURE:  0.889
=== OOV Rate:   0.026
=== OOV Recall Rate:    0.426
=== IV Recall Rate: 0.900
### data/msr_two_lstm_layer_adam_epoch_20.words 3365    3786    8215    15366   1068
73 106452  0.888   0.891   0.889   0.026   0.426   0.900
```

图 3-10　两层 LSTM 优化器 Adam 训练 20 次的模型

可以看到,两层 LSTM 使得模型更加复杂,训练时长也增加不少。模型训练后,使用 icwb2 的测试结果,两层 LSTM 的模型 F Score 为 0.889,如图 3-11 所示。

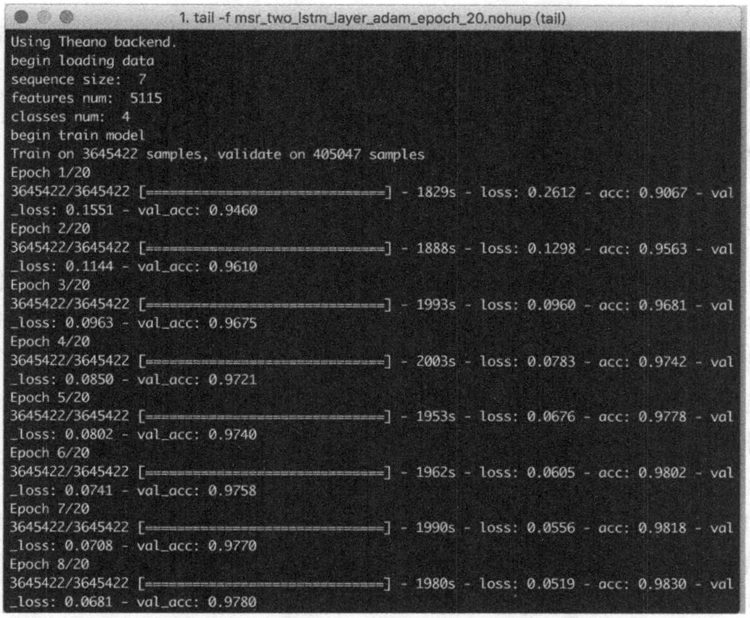

图 3-11　两层 LSTM 的模型 F Score 值

可以看到,随着模型的复杂,虽然 F Score 无提升,但是其他的指标有一定的提升。一般来说,神经网络在大量训练数据下也会有更好的效果,后续会继续尝试更大数据集、更复杂模型的效果。

3.4　词性标注

3.4.1　词性标注

词性标注(Part-of-Speech tagging 或 POS tagging)是指为给定句子中的每个词赋予正确的词法标记,给定一个切好词的句子,词性标注的目的是为每一个词赋予一个类别,这个类别称为词性标记(Part-of-Speech tag),比如,名词(noun)、动词(verb)、形容词(adjective)等。

它是自然语言处理中重要的和基础的研究课题之一,也是其他许多智能信息处理技术的基础,已被广泛的应用于机器翻译、文字识别、语音识别和信息检索等领域。词性标注对于后续的自然语言处理工作是一个非常有用的预处理过程,它的准确程度将直接影响到后续的一系列分析处理任务的效果。

长期以来,兼类词的词性歧义消解和未知词的词性识别一直是词性标注领域需要解决的热点问题。当兼类词的词性歧义消解变得困难时,词性的标注就出现了不确定性的问题。而对那些超出了词典收录范围的词语或者新涌现的词语的词性推测,也是一个完整的标注系统所应具备的能力。

1. 词性标注方法

词性标注是一个非常典型的序列标注问题。最初采用的方法是隐马尔科夫生成式模型,然后是判别式的最大熵模型、支持向量机模型,目前学术界通常采用结构感知器模型和条件随机场模型。

近年来,随着深度学习技术的发展,研究者们也提出了很多有效的基于深层神经网络的词性标注方法。

迄今为止,词性标注主要分为基于规则的和基于统计的方法。

(1)规则方法。能准确地描述词性搭配之间的确定现象,但是规则的语言覆盖面有限,庞大的规则库的编写和维护工作则显得过于繁重,并且规则之间的优先级和冲突问题也不容易得到满意的解决。

(2)统计方法。从宏观上考虑了词性之间的依存关系,可以覆盖大部分的语言现象,整体上具有较高的正确率和稳定性,不过其对词性搭配确定现象的描述精度却不如规则方法。

针对这样的情况,如何更好地结合利用统计方法和规则处理手段,使词性标注任务既能够有效地利用语言学家总结的语言规则,又可以充分地发挥统计处理的优势成为了词性标注研究的焦点。

2. 词性标注研究进展

(1)词性标注和句法分析联合建模。研究者们发现,由于词性标注和句法分析紧密相关,词性标注和句法分析联合建模可以同时显著提高两个任务准确率。

(2)异构数据融合。汉语数据目前存在多个人工标注数据,然而不同数据遵守不同的标注规范,因此称为多源异构数据。近年来,学者们就如何利用多源异构数据提高模型准确率,提出了很多有效的方法,如基于指导特征的方法、基于双序列标注的方法,以及基于神经网络共享表示的方法。

(3)基于深度学习的方法。传统词性标注方法的特征抽取过程主要是将固定上下文窗口的词进行人工组合,而深度学习方法能够自动利用非线性激活函数完成这一目标。进一步,如果结合循环神经网络如双向LSTM,则抽取到的信息不再受到固定窗口的约束,而是考虑整个句子。

除此之外,深度学习的另一个优势是初始词向量输入本身已经刻画了词语之间的相似度信息,这对词性标注非常重要。

3.4.2　词性标注过程详解

1. 示例说明

本示例的目的是对于给定的训练集语料库,借助于机器学习方法训练出一个隐马尔科夫模型预测模型,对测试集数据进行词性标注预测。

实验数据分为训练集(train_utf16.tag)和测试集(test_utf16.tag),编码格式为 utf-16 little endian。训练数据样本如下:

总办事处 /Nc 秘书组 /Nc 主任 /Na 戴郑 /Nb 先生 /Na 请辞 /VA 获准 /VF , /COMMACATEGORY 所 /D 任 /VC 职务 /Na 自 /P 三月 /Nd 一日 /Nd 起 /Ng 由 /P 研究所 /Nc 研究员 /Na 陶灰 /Nb 先生 /Na 兼任 /VG 。/PERIODCATEGORY

测试数据样本如下:

一百廿 位 来自 东部 和 南部 的 原住民 部落 少年 ,
他们 不少 人 是 第一 次 上 台湾 。

2. 数据预处理

(1)读取文件数据

主要工作是读取 utf-16 little endian 格式的数据。这里用两个 rate 控制读取数据的量:比如,训练的时候,读取训练集中前 70% 作为训练数据,则 rate1＝0.0,rate2＝0.7。

(2)数据处理

数据处理主要是把词语和词型标签数字化,统计并生成了以下几个数据集:

```
self.corpus = []
self.all_pos = []  # 存放语料库中所有词性的下标
self.pos = {}  # 记录所有可能的词性(词性种类,无重复),并标序号
self.pos_count = {}  # 记录所有可能的词性出现的次数
self.all_word = []  # 存放语料库所有词语的下标
```

```
self.word = {} # 记录所有出现的词语(词性种类,无重复),并标序号
self.word_count = {} # 记录所有出现的词语出现的次数
self.word_pos_count = {} # 某个词性下各个词语出现的次数
self.pos_begin_count = {} # 句首词为不同词性的次数
self.begin_count = 0 # 句首的词性总数
self.not_end_count = {} # 非句尾的词及其次数
self.transform_count = {} # 连续两个词的个数
```

这些数据集为计算隐马尔科夫模型的参数做准备。

3. 模型处理

(1)HMM 模型的利用

如何建立一个与词性标注问题相关联的 HMM 模型?首先必须确定 HMM 模型中的隐藏状态和观察符号,也可以说成观察状态,由于我们是根据输入句子输出词性序列,因此可以将词性标记序列作为隐藏状态,而把句子中的单词作为观察符号,那么对于训练语料库来说,就有 61 个隐藏状态(标记集)和 4 万多个观察符号(词型)。

确定了隐藏状态和观察符号,就可以根据训练语料库的性质来学习 HMM 的各项参数了。如果训练语料已经做好了标注,那么学习这个 HMM 模型的问题就比较简单,只需要计数就可以完成 HMM 各个模型参数的统计,如标记间的状态转移概率可以通过如下公式求出:

$$P(T_i \mid T_j) = C(T_j, T_i)/C(T_j) \tag{3-12}$$

而每个状态(标记)随对应的符号(单词)的发射概率可由下式求出:

$$P(W_m \mid T_j) = C(W_m, T_j)/C(T_j) \tag{3-13}$$

其中符号 C 代表的是其括号内因子在语料库中的计数。

如果训练语料库没有标注,那么 HMM 的第三大基本问题"学习"就会起作用,通过一些辅助资源,如词典等,利用前向—后向算法可以学习一个 HMM 模型,不过这个模型比有标注语料库训练出来的模型要差一些。

训练出一个与语料库对应的 HMM 词性标注模型后,接下来根据隐马尔科夫问题的特点可知,词性标注可以采用维特比算法——HMM 模型,第二大基本问题就是专门来解决这个问题的。

(2)维特比算法

Viterbi 算法方案简介:

设给定词串 $W = w_1, w_2, \cdots, w_k$,$S_i(i=1,2,\cdots,N)$ 表示词性状态(共有 N 种取值,其中 N 为词性符号的总数,可以通过语料库统计出来),$t=1, 2,\cdots,k$ 表示词的序号(对应 HMM 中的时间变量),Viterbi 变量 $v(i,t)$ 表

示从 w_1 的词性标记集合到 w_t 的词性标记为 S_i 的最佳路径概率值,存在的递归关系是 $v(i,t) = \max[v(i,t-1)a_{ij}]b_j(w_t)$,其中 $1 \leqslant t \leqslant k$,$1 \leqslant i \leqslant N$,$1 \leqslant j \leqslant N$,$a_{ij}$ 表示词性 S_i 到词性 S_j 的转移概率,对应上述 $P(t_i|t_{i-1})$,$b_j(w_t)$ 表示 w_t 被标注为词性 S_j 的概率,即 HMM 中的发射概率,对应上述 $P(w_i|t_i)$,这两种概率值均可以由语料库计算。每次选择概率最大的路径往下搜索,最后得到一个最大的概率值,再回溯,因此需要另一个变量用于记录到达 S_i 的最大概率路径。

4. 参数估计

(1)初始状态向量 π

表示隐含状态在初始状态的概率矩阵,(例如 $t=1$ 时,$P(S_1) = p1$,$P(S_2) = p2$,$P(S_3) = p3$,则初始状态概率矩阵 $\pi = [p_1, p_2, p_3]$。本示例模型的初始状态即为词语处于句首时的状态。

(2)状态转移矩阵 A

描述了在当前状态为某个词性 a 的情况下,下一个词语的状态为另一个词性 b(a 和 b 可以相同)的状态转移概率情况。计算公式如下:$P(T_i|T_j) = C(T_j, T_i)/C(T_j)$ 该矩阵的行和列都表示的是状态概率,故是一个 N * N 的矩阵,其中 N 为状态的个数,即词性的个数。

(3)观测状态矩阵 B

描述了在当前状态为某个词性的情况下,该词语出现的概率。计算公式如下:$P(W_m|T_j) = C(W_m, T_j)/C(T_j)$ 该矩阵的行表示词性,列表示词语,故是一个 N * M 的矩阵。其中 N 为状态(词性)个数,M 为词语的数目。

上述过程的详细代码如下:

```python
import numpy as np
import math


class HMM:
    def __init__(self, state, observation, nState, nObservation):
        self.state = np.array(state)
        self.observation = np.array(observation)
        self.nState = nState
        self.nObservation = nObservation+ 1

    def calculateParameter(self, addition1, addition2, addition3, unlistedWord-
Frequency):
        self.Pi = np.array([addition1]* self.nState)
```

```
        self.A = np.array([[addition2]* self.nState
   for row in range(self.nState)]).reshape(self.nState, self.nState)
        self.B = np.array([[addition3]* (self.nObservation- 1)+ [0] for row in
range(self.nState)]).\
        reshape(self.nState, self.nObservation)
        for i in range(len(self.state)):
        self.Pi[self.state[i][0]]+ = 1
        self.B[self.state[i][0], self.observation[i][0]]+ = 1
        for j in range(1, len(self.state[i])):
            self.A[self.state[i][j- 1], self.state[i][j]]+ = 1
            self.B[self.state[i][j], self.observation[i][j]]+ = 1
        self.Pi /= self.Pi.sum()
        for i in range(self.nState):
        self.A[i] /= self.A[i].sum()
        if unlistedWordFrequency[i] < 1:
            self.B[i] /= self.B[i].sum()/(1- unlistedWordFrequency[i])
        else:
            self.B[i] = np.zeros(self.nObservation)
            self.B[i, - 1] = unlistedWordFrequency[i]
        self.logPi = np.zeros(self.nState)
        self.logA = np.zeros(self.nState* self.nState).reshape(self.nState,
self.nState)
        self.logB = np.zeros(self.nState* self.nObservation).reshape(self.
nState, self.nObservation)
        for i in range(self.nState):
        self.logPi[i] = self.Pi[i] > 0 and math.log(self.Pi[i]) or - 1000
            for j in range(self.nState):
            self.logA[i, j] = self.A[i, j] > 0 and math.log(self.A[i, j]) or -
1000
            for j in range(self.nObservation):
            self.logB[i, j] = self.B[i, j] > 0 and math.log(self.B[i, j]) or -
1000

    def calculateProbability(self, observation):
        alpha = self.Pi* self.B[:, observation[0]]
        for i in range(1, len(observation)):
        alpha = alpha.dot(self.A)* self.B[:, observation[i]]
        return alpha.sum()
```

```
def  viterbi(self, observation):
    alpha =  self.logPi+ self.logB[:, observation[0]]
    prev =  np.zeros(len(observation)* self.nState).reshape(len(observa-
tion), self.nState)
    for i in range(1, len(observation)):
        tmp =  alpha.copy()
        for j in range(self.nState):
            prev[i, j] =  (alpha+ self.logA[:, j]).argmax()
            tmp[j] =  alpha[prev[i, j]]+ self.logA[prev[i, j], j]+ self.logB
[j, observation[i]]
        alpha =  tmp
    sequence =  [0]* len(observation)
    sequence[- 1] =  alpha.argmax()
    for i in range(len(observation)- 2, - 1, - 1):
        sequence[i] =  int(prev[i+ 1, sequence[i+ 1]])
    return sequence
```

5. 计算处理及平滑

由于数据量规模较大,使得计算出来的概率都非常小,为了使计算开销小,并且在计算机中部产生下溢的现象,对上述参数的计算中都取自然对数进行处理。另外,由于取对数的每个概率值不能为 0,在计算过程中对每个概率的计算都使用了平滑技术,即在概率公式的分子加上词性个数的倒数,分母加 1。

6. 实验结果

本示例的结果评估,采用了分类问题的常用评估参数:准确率(Precision Rate)。用 train_utf16. tag 的前 70% 作训练数据,后 30% 作测试数据,得到的测试 F_1 值为 81.2%。

3.5　分词技术面临的挑战

从目前汉语分词研究的总体水平看,F_1 值已经达到 95% 左右,主要分词错误是由新词造成的,尤其对领域的适应性较差。虽然新的技术手段仍层出不穷,但分词这个技术工作依旧面临着诸多挑战,下面主要介绍一下中文分词存在的主要问题,有以下几个方面:

1. 分词歧义处理

分词歧义是指在一个句子中,一个字串可以有不同的切分方法。例如,"乒乓球拍卖完了",可以切分为"乒乓/球拍/卖/完/了",也可以切分为"乒乓球/拍卖/完/了",类似的例子还有"门把手弄坏了"。虽然基于人工标注数据的统计方法能够解决很大一部分分词歧义,然而当面临一些训练语料中没有出现过的句子(或子句)时,基于统计的方法可能会输出很差的结果。

分词歧义处理包括两部分内容:

(1)切分歧义的检测

"最大匹配法"是最早出现、同时也是最基本的汉语自动分词方法。依扫描句子的方向,又分正向最大匹配 MM(从左向右)和逆向最大匹配 RMM(从右向左)两种。

最大匹配法实际上将切分歧义检测与消解这两个过程合二为一,对输入句子给出唯一的切分可能性,并以之为解。从最大匹配法出发导出了"双向最大匹配法",即 MM+RMM。双向最大匹配法存在着切分歧义检测盲区。

针对切分歧义检测,另外两个有价值的工作是"最少分词法",这种方法歧义检测能力较双向最大匹配法要强些,产生的可能切分个数仅略有增加;和"全切分法",这种方法穷举所有可能的切分,实现了无盲区的切分歧义检测,但代价是导致大量的切分"垃圾"。

(2)切分歧义的消解

典型的方法包括句法统计和基于记忆的模型。句法统计将自动分词和基于 Markov 链的词性自动标注技术结合起来,利用从人工标注语料库中提取出的词性二元统计规律来消解切分歧义,基于记忆的模型对伪歧义型高频交集型歧义切分,可以把它们的正确切分形式预先记录在一张表中,其歧义消解通过直接查表即可实现。

2. 未登录词(新词)识别

未登录词指未在训练数据中出现过的词,而新词指日常生活中人们新创的一些词(也可能是旧词新意)。大部分未登录词是专有名词,包括人名、地名、机构名等。有专家发现,未登录词(新词)识别错误对分词效果有着很大的影响。一般的专有名词含有一定的构词规律,如前缀后缀有迹可循。而新词则五花八门,如新术语、新缩略语、新商品名、绰号、笔名等。据统计,每年会产生超过 800 个新的中文词。直到目前为止,未登录词识别,尤其是新词识别,仍然是分词研究面临的最大挑战。尤其是在领域移植的情境下,当测试文本与训练数据的领域存在较大差异的时候,未登录词的数量增多,导致分词效果变差。

3.错别字、谐音字规范化

当处理不规范文本(如网络文本和语音转录文本)时,输入的句子中不可避免会存在一些错别字或者刻意的谐音词(如"香菇"→"想哭";"蓝瘦"→"难受";"蓝菇"→"难过"等)。这些错别字或谐音字对于分词系统造成了很大的困扰。

4.分词粒度问题

分词粒度的选择长期以来一直是困扰分词研究的一个难题。选择什么样的词语切分粒度,是和具体应用紧密相关的。另外,研究发现,即使是以汉语为母语的人,对于汉语词语认识的一致也只有 0.76。汉语语法教科书中对"词语"的定义是"语言中有意义的能单独说或用来造句的最小单位",然而这种定义的实际操作性很差。实际操作时,如语料标注过程中,研究者们往往把"结合紧密、使用稳定"视为分词单位的界定准则,然而人们对于这种准则理解的主观性差别较大,受到个人的知识结构和所处环境的很大影响。这样就导致多人标注的语料存在大量不一致现象,即表达相同意思的同一字串,在语料中存在不同的切分方式,如"我国"和"我/国"。据专家粗略估计发现,在 SIGHAN Bakeoff-2005 采用的 PKU 训练语料中,有约 3% 的字可能存在切分不一致的问题。考虑到目前分词模型的准确率已经可以达到 95%(F 值)以上,切分不一致的问题可能导致语料本身无法可信地评价模型。

3.6　小结

分词是文本挖掘的预处理的重要的一步,分词完成后,可以继续做一些其他的特征工程,比如向量化,TF-IDF 等。

传统的分词方法有两种:一是基于词典的方法,在基于词典的方法中,对于给定的词,只有词典中存在的词语能够被识别,其中最受欢迎的方法是最大匹配法,这种方法的效果取决于词典的覆盖度,因此随着新词不断出现,这种方法存在明显的缺点;二是基于统计的方法,基于统计的方法由于使用了概率或评分机制而非词典对文本进行分词而被广泛应用。这种方法主要有三个缺点:

一是这种方法只能识别 OOV(out-of-vocabulary)词而不能识别词的

类型,比如只能识别为一串字符串而不能识别出是人名;二是统计方法很难将语言知识融入分词系统,因此对于不符合语言规范的结果需要额外的人工解析;三是在许多现在分词系统中,OOV 词识别通常独立于分词过程。

使用深度学习技术,使 NLP 技术给中文分词技术带来了新鲜血液,改变了传统的思路。深度神经网络的优点是可以自动发现特征,大大减少了特征工程的工作量,随着深度学习技术的进一步发展,在 NLP 领域将会发挥更大的作用,将在已有成熟的 NLP 算法及模型基础上,逐渐融合基于深度神经网络的 NLP 模型,在文本分类、序列标注、情感分析、语义分析等功能上进一步优化提升效果。

对于文本挖掘中需要的分词功能,一般会用现有的工具。简单的英文分词不需要任何工具,通过空格和标点符号就可以分词,而进一步的英文分词推荐使用 nltk(下载地址:http://www.nltk.org/)。对于中文分词,则推荐用结巴分词(下载地址:https://github.com/fxsjy/jieba/)。在后续章节中,对于待处理的中文文本,则采用结巴分词。

分词,词性标注技术一般只需对句子的局部范围进行分析处理,目前已经基本成熟,其标志就是它们已经被成功地用于文本检索、文本分类、信息抽取等应用之中,而句法分析、语义分析技术需要对句子进行全局分析,目前,深层的语言分析技术还没有达到完全实用的程度。

第4章 文本向量化

在文本挖掘的分词原理章节中讲到了文本挖掘预处理中的分词,而分词后作文本分类,后面关键的特征预处理步骤有向量化或向量化的特例 Hash 技巧,本章对向量化和特例 Hash 技巧预处理方法作讲述。

4.1 词向量介绍

词向量的意思就是通过一个数字组成的向量来表示一个词,这个向量的构成可以有很多种。最简单的方式是 one-hot 向量。假设在一个语料集合中,一共有 n 个不同的词,则可以使用一个长度为 n 的向量,对于第 i 个词($i=0,\cdots,n-1$),向量 index$=i$ 处值为 1 外,向量其他位置的值都为 0,这样就可以唯一的通过一个$[0,0,1,\cdots,0,0]$形式的向量表示一个词。one-hot 向量比较简单也容易理解,但是有很多问题,比如当加入新词时,整个向量的长度会改变,并且存在维数过高难以计算的问题,以及向量的表示方法很难体现两个词之间的关系,因此一般情况下 one-hot 向量较少的使用。

如果考虑到词和词之间的联系,就要考虑词的共现问题。最简单的是使用基于文档的向量表示方法来给出词向量。基本思想也很简单,假设有 n 篇文档,如果某些词经常成对出现在多篇相同的文档中,我们则认为这两个词联系非常紧密。对于文档集合,可以将文档按顺编号($i=0,\cdots,n-1$),将文档编导作为向量索引,这样就有一个 n 维的向量。当一个词出现在某个文档 i 中时,向量 i 处值为 1,这样就可以通过一个类似$[0,1,0,\cdots,1,0]$形式的向量表示一个词。基于文档的词向量能够很好地表示词之间的关系,但是向量的长度和语料库的大小相关,同样会存在维度变化问题。

考虑一个固定窗口大小的文本片段来解决维度变化问题,如果在这样的片段中,两个词出现了,就认为这两个词有关。举例来讲,有以下三句话:"我/喜欢/你","我/爱/运动","我/爱/摄影",如果考虑窗口的大小为 1,也就是认为一个词只和它前面和后面的词有关,通过统计共现次数,能够得到下面的矩阵,如图 4-1 所示。

*	我	喜欢	你	爱	运动	摄影
我	0	1	0	2	0	0
喜欢	1	0	1	0	0	0
你	0	1	0	0	0	0
爱	2	0	0	0	1	1
运动	0	0	0	1	0	0
摄影	0	0	0	1	0	0

图 4-1　基于文本窗口共现统计出来的矩阵

可以看到这是一个 $n*n$ 的对称矩阵 X，这个矩阵的维数会随着词典数量的增加而增大，通过 SVD 奇异值分解，可以将矩阵维度降低，但仍存在一些问题：矩阵 X 维度经常改变，并且由于大部分词并不是共现而导致的稀疏性，矩阵维度过高计算复杂度高等问题。

4.2　word2vec 词向量工具

词向量最初是用 one-hot represention 表征的，也就是向量中每一个元素都关联着词库中的一个单词，指定词的向量表示为：其在向量中对应的元素设置为 1，其他的元素设置为 0。采用这种表示无法对词向量作比较，后来就出现了分布式表征。

在 word2vec 中就是采用分布式表征，在向量维数比较大的情况下，每一个词都可以用元素的分布式权重来表示，因此，向量的每一维都表示一个特征向量，作用于所有的单词，而不是简单的元素和值之间的一一映射。这种方式抽象的表示了一个词的"意义"。

word2vec 是一个多层的神经网络[10]，同样可以将词向量化。在 word2vec 中最重要的两个模型是 CBOW(Continuous Bag-of-Word)模型和 Skip-gram(Continuous Skip-gram)模型，两个模型都包含三层：输入层、投影层、输出层。CBOW 模型的作用是已知当前词 W_t 的上下文环境 $(W_{t-2}, W_{t-1}, W_{t+1}, W_{t+2})$ 来预测当前词，Skip-gram 模型的作用是根据当前词 W_t 来预测上下文 $(W_{t-2}, W_{t-1}, W_{t+1}, W_{t+2})$。

在模型求解中，和一般的机器学习方法类似，也是定义不同的损失函数，使用梯度下降法寻找最优值。word2vec 模型求解中，使用了 Hierarchical Softmax 方法和 Negative Sampling 两种方法。通过使用 word2vec，可以方便地将词转化成向量表示,让计算机和理解图像中的每个点一样,数字化词的表现。

　　Gensim 是一款开源的第三方 Python 工具包,用于从原始的非结构化的文本中,无监督地学习到文本隐层的主题向量表达。它支持包括 TF-IDF,LSA,LDA,和 word2vec 在内的多种主题模型算法,支持流式训练,并提供了诸如相似度计算,信息检索等一些常用任务的 API 接口。下面介绍利用 Gensim 中的 word2vec 训练中文语料的方法。

1. word2vec API

先看 API:

```
gensim.models.word2vec.Word2Vec(sentences= None, size= 100, alpha= 0.025, win-
dow= 5, min_count= 5, max_vocab_size= None, sample= 0.001, seed= 1, workers= 3, min
_alpha= 0.0001, sg= 0, hs= 0, negative= 5, cbow_mean= 1, hashfxn= < built- in
function hash> , iter= 5, null_word= 0, trim_rule= None, sorted_vocab= 1, batch_
words= 10000)
```

　　其中的 sentences 是句子列表,而每个句子又是词语的列表,即 list[list]类型。
- size 是 embedding 维度,即每个词的向量维度
- window 是窗口大小
- min_count 用来作筛选,去除总的词频小于该值的词语
- negative 和 sample 可根据训练结果进行微调,sample 表示更高频率的词被随机采样到所设置的阈值,默认值为 1e-3。
- hs＝1 表示层级 softmax 将会被使用,默认 hs＝0 且 negative 不为0,则负采样将会被选择使用。
- workers 控制训练的并行,此参数只有在安装了 Cpython 后才有效,否则只能使用单核。

2. 中文语料的 csv 文件

采用的是 csv 格式的中文语料:

```
chnl,nid,doc
体育,18711252,大卫 李髌骨 韧带 撕裂 等待 MRI 篮球 5月 21日 NBA 记者 MichaelC.
Wright RamonaShelburne 联合 报道 消息 人士 透露 马刺 大卫 诊断 膝盖 韧带 撕裂 当地
时间 周日 接受 核磁共振 检查 确认 伤势 马刺 今天 主场 勇士 系列赛 比分 落后 李本
场 比赛 进攻 落地 不幸 膝盖 提前 退出 比赛 今年 季后赛 李场 出战 4.1分 篮板 来源
Twitter
```

体育,18711231,尤文 双冠 剑指 欧冠 决赛 皇马 北京 时间 5月 21日 尤文图斯 主场 血虐克 罗托 提前 夺得 意甲 冠军 史无前例 蝉联 意甲 5月 18日 意大利杯 实现 杯赛 三连冠 目前 尤文 赛季 展现 强大 实力 目标 13年 拜仁 赛季 剑指 尤文 上一场 联赛 比赛 罗马 尤文 意大利杯 决赛 前景 担忧 斑马军团 完美 打消 拥趸 疑虑 顺利 夺得 赛季 冠军 头衔 尤文 处于 皮亚尼奇 赫迪拉 中场 主力 无法 出场 情况 完成 卫冕 赛季 尤文 想起 拜仁慕尼黑 当时 拥有 强大 罗贝里 组合 穆勒 拉姆 施魏 施泰格 进攻 防守 两端 强硬 会师 欧冠 决赛 罗本 一锤定音 拜仁 球迷 夜晚 流下 热泪 布冯 能够 年龄 耳朵杯 职业 生涯 集齐 世界杯

体育,18711230,花式 吐饼 看看 尼日利亚 老乡 北京 时间 5月 21日 中超 继续 展开 较量 长春 亚泰 坐镇 经开 体育场 迎来 天津 泰达 挑战 。本场 比赛 陷入 保级 泥潭 试图 上半场 主场 作战 亚泰 发难 胡斯蒂 主罚 前场 任意球 亚泰 中卫 孙捷 力压 防守 球员 头槌 破门 主队 纪录 下半场 惠家康 精彩 边路 突破 助攻 德耶 闪电 扳平 比分 双方 起跑线 比赛 双方 制造 破门 机会 亚泰 获得 点球 良机 皮球 直接 送入 对方 门将 怀中 未能 破门 战罢 双方 握手言和 相比 平和 比分 双方 外援 浪费 进球 机会 唏嘘不已 亚泰 队长

......

chnl、nid、doc 分别是频道、新闻 id、文本。

3. 实现过程

```
# - * - coding: utf- 8 - * -

import pandas as pd
from gensim.models import Word2Vec
from gensim.models.word2vec import LineSentence

df = pd.read_csv('体育.csv')
sentences = df['doc']
line_sent = []
for s in sentences:
    line_sent.append(s.split())    # 句子组成 list

model = Word2Vec(line_sent,
                 size= 300,
                 window= 5
```

```
                              min_count= 1,
                              workers= 2)
model.save('./word2vec.model')
for i in model.vocab.keys(): # vocab 是 dict
    print type(i)
    print i
# model =  Word2Vec.load('word2vec_model')
print model.wv['球员']
```

如果语料文件不是 csv，而直接是训练的 txt 文件，可以使用 LineSentence 直接把文件读成正确的格式。

```
# model =  Word2Vec(LineSentence('体育.txt'),
                              size= 300,
                              window= 5
                              min_count= 1,
                              workers= 2)
```

训练用的编码格式要与使用 model 时的编码格式一致。

例如，如果文件是 utf-8 的文件，读取时没有转成 unicode，则 model 使用时也要使用 utf-8 格式，例如 model. wv['球队']；训练是用 unicode，则使用 model. wv[u'球队']。

4.3　词袋模型

词袋模型（Bag of Words，BoW）假设不考虑文本中词与词之间的上下文关系，仅仅只考虑所有词的权重。而权重与词在文本中出现的频率有关。

词袋模型首先会进行分词，通过统计每个词在文本中出现的次数，得到该文本基于词的特征，如果将各个文本样本的这些词与对应的词频放在一起，就是常说的向量化。向量化完毕后一般也会使用 TF-IDF 进行特征的权重修正，再将特征进行标准化。再进行一些其他的特征工程后，就可以将数据带入机器学习算法进行分类聚类了。

词袋模型的三部曲为：分词（Tokenizing），统计修订词特征值（Counting）与标准化（Normalizing）。

与 BoW 非常类似的是词集模型（Set of Words，SoW），和词袋模型唯一的不同是它仅仅考虑词是否在文本中出现，而不考虑词频。也就是一个词在文本中出现一次和多次特征处理是一样的。在大多数时候使用词袋模型,后面的阐述也是以词袋模型为主。

当然,词袋模型有很大的局限性,因为它仅仅考虑了词频,没有考虑上下文的关系,因此会丢失一部分文本的语义。

4.4 BoW 向量化

在词袋模型进行词频统计后,就可以用词向量表示这个文本。以 scikit-learn 的 CountVectorizer 类来举例,这个类可以完成文本的词频统计与向量化,代码如下:

```
from sklearn.feature_extraction.text import CountVectorizer
vectorizer= CountVectorizer()
corpus= ["I come to China to travel",
         "This is a car polupar in China",
         "I love tea and Apple ",
         "The work is to write some papers in science"]
print vectorizer.fit_transform(corpus)
```

对上面 4 个文本的处理输出如下:

(0, 16)	1
(0, 3)	1
(0, 15)	2
(0, 4)	1
(1, 5)	1
(1, 9)	1
(1, 2)	1
(1, 6)	1
(1, 14)	1
(1, 3)	1
(2, 1)	1
(2, 0)	1
(2, 12)	1
(2, 7)	1
(3, 10)	1
(3, 8)	1
(3, 11)	1
(3, 18)	1

```
(3, 17)                    1
(3, 13)                    1
```

在输出中,括号中的第一个数字是文本的序号,第 2 个数字是词的序号,词的序号是基于所有的文档的,第三个数字就是词频。

可以进一步看看每个文本的词向量特征和各个特征代表的词,代码如下:

```
print vectorizer.fit_transform(corpus).toarray()
print vectorizer.get_feature_names()
```

输出为:

```
[[0 0 0 1 1 0 0 0 0 0 0 0 0 0 2 1 0 0]
 [0 0 1 1 0 1 1 0 0 1 0 0 0 0 1 0 0 0 0]
 [1 1 0 0 0 0 0 1 0 0 0 0 1 0 0 0 0 0 0]
 [0 0 0 0 0 1 1 0 1 0 1 1 0 1 0 1 0 1 1]]

[u'and', u'apple', u'car', u'china', u'come', u'in', u'is', u'love', u'papers', u'
polupar', u'science', u'some', u'tea', u'the', u'this', u'to', u'travel', u'work', u'
write']
```

可以看到一共有 19 个词,则 4 个文本都是 19 维的特征向量。而每一维的向量依次对应了下面的 19 个词。另外,由于词“I”在英文中是停用词,不参加词频的统计。

由于大部分的文本都只会使用词汇表中的很少一部分的词,因此词向量中会有大量的 0,也就是说词向量是稀疏的。在实际应用中一般使用稀疏矩阵来存储。

向量化的方法虽好,也很直接,但在有些场景下很难使用。比如分词后的词汇表非常大,达到 100 万以上,此时如果直接使用向量化的方法,将对应的样本对应特征矩阵载入内存,有可能将内存撑爆,在这种情况下该如何办?第一反应是要进行特征的降维,而散列技巧(Hash Trick)即是常用的文本特征降维方法。

4.5　散列技巧

在大规模的文本处理中,由于特征的维度对应分词词汇表的大小,所以维度可能非常恐怖,此时需要进行降维,不能直接用上一节的向量化方法。而最常用的文本降维方法是 Hash Trick,这里的 Hash 也有类似意义。

在 Hash Trick 中,首先定义一个 Hash 后对应的哈希表,这个哈希表的维度会远远小于词汇表的特征维度,因此可以看成是降维。具体的方法是对任意一个特征,使用 Hash 函数找到对应哈希表的位置,然后将该特征对应的词频统计值累加到该哈希表位置。如果用数学语言表示,假如哈希函数 h 使第 i 个特征哈希到位置 j,即 $h(i)=j$,则第 i 个原始特征的词频数值 $\varphi(i)$ 将累加到哈希后的第 j 个特征的词频数值 $\bar{\varphi}$ 上,即:

$$\bar{\varphi}(j) = \sum_{i \in J, h(i)=j} \varphi(i) \tag{4-1}$$

上述方法有可能使两个原始特征的哈希后位置在一起导致词频累加特征值变大,为了解决这个问题,出现了 hash 技巧的变种 signed hash 技巧,此时除了哈希函数 h,多了一个哈希函数,如下:

$$\xi: \Psi \to \pm 1$$
$$\bar{\varphi}(j) = \sum_{i \in J, h(i)=j} \xi(i) \varphi(i) \tag{4-2}$$

这样哈希后的特征仍然是一个无偏的估计,不会导致某些哈希位置的值过大。

哈希后的特征是否能够很好地代表哈希前的特征呢? 从实际应用中说,由于文本特征的高稀疏性,这么做是可行的。

在 scikit-learn 的 HashingVectorizer 类中,实现了基于 signed hash trick 的算法,为了简单,使用上面的 19 维词汇表,并使哈希降维到 6 维。当然在实际应用中,19 维的数据根本不需要 Hash Trick,这里只是作一个演示,代码如下:

```
from sklearn.feature_extraction.text import HashingVectorizer
vectorizer2= HashingVectorizer(n_features = 6,norm = None)
print vectorizer2.fit_transform(corpus)
```

输出为:

(0, 1)	2.0
(0, 2)	- 1.0
(0, 4)	1.0
(0, 5)	- 1.0
(1, 0)	1.0
(1, 1)	1.0
(1, 2)	- 1.0
(1, 5)	- 1.0
(2, 0)	2.0
(2, 5)	- 2.0
(3, 0)	0.0

(3, 1)	4.0
(3, 2)	- 1.0
(3, 3)	1.0
(3, 5)	- 1.0

与 PCA 类似，Hash 技巧降维后的特征已经不知道它代表的特征名字和意义。此时不能像向量化时可以知道每一列的意义，所以 Hash 技巧的解释性不强。

4.6　小结

对向量化与 Hash 技巧作了简单的介绍。介绍了在特征预处理时，什么时候用一般意义的向量化，什么时候用 Hash 技巧。

一般而言，只要词汇表的特征不至于太大(大到内存不够用)，使用一般意义的向量化比较好。因为向量化的方法解释性很强，知道每一维特征对应哪一个词，进而还可以使用 TF-IDF 对各个词特征的权重修改，进一步完善特征的表示。

而 Hash 技巧用大规模机器学习上，词汇量极大，使用向量化方法内存不够用，而使用 Hash 技巧降维速度很快，降维后的特征仍然可以完成后续的分类和聚类工作。

由于分布式计算框架的存在，其实一般不会出现内存不够的情况。因此，实际工作中使用特征向量化的情况更多。

第5章　文本特征简介与选择

5.1　特征简介

  文本的表示及其特征项的选取是文本挖掘、信息检索的一个基本问题，它把从文本中抽取出的特征词进行量化来表示文本信息。将它们从一个无结构的原始文本转化为结构化的计算机可以识别处理的信息，即对文本进行科学的抽象，建立它的数学模型，用于描述和代替文本。使计算机能够通过对这种模型的计算和操作来实现对文本的识别。由于文本是非结构化的数据，要想从大量的文本中挖掘有用的信息就必须首先将文本转化为可处理的结构化形式。目前人们通常采用向量空间模型来描述文本向量，但是如果直接用分词算法和词频统计方法得到的特征项来表示文本向量中的各个维，那么这个向量的维度将是非常的大。这种未经处理的文本矢量不仅给后续工作带来巨大的计算开销，使整个处理过程的效率非常低下，而且会损害分类、聚类算法的精确性，从而使所得到的结果很难令人满意。因此，必须对文本向量作进一步净化处理，在保证原文含义的基础上，找出对文本特征类别最具代表性的文本特征。为了解决这个问题，最有效的办法就是通过特征选择来降维。

  目前有关文本表示的研究主要集中于文本表示模型的选择和特征词选择算法的选取上[11]。用于表示文本的基本单位通常称为文本的特征或特征项。特征项必须具备一定的特性：①特征项要能够确实标识文本内容；②特征项具有将目标文本与其他文本相区分的能力；③特征项的个数不能太多；④特征项分离要比较容易实现。在中文文本中可以采用字、词或短语作为表示文本的特征项。相比较而言，词比字具有更强的表达能力，而词和短语相比，词的切分难度比短语的切分难度小得多。因此，目前大多数中文文本分类系统都采用词作为特征项，称作特征词。这些特征词作为文档的中间表示形式，用来实现文档与文档、文档与用户目标之间的相似度计算。如果把所有的词都作为特征项，那么特征向量的维数将过于巨大，从而导致计算量太大，在这样的情况下，要完成文本分类几乎是不可能的。特征抽取的主要功能是在不损伤文本核心信息的情况下尽量减少要处理的单词数，以此来降低向量空间维数，从而简化计算，提高文本处理的速度和效率。文本特征选择对文本内容的过滤和分类、聚类处理、自动摘要以及用户兴趣模式发现、知识发现等有关方面的研究都有非常重要的影响。通常根据某个特征评估函数计算各个特征的评分值，然后按评分值对这些特征进行排序，选取若干个评分值最高的作为特征词，这就是特征抽取。

特征选取的方式有 4 种：①用映射或变换的方法把原始特征变换为较少的新特征；②从原始特征中挑选出一些最具代表性的特征；③根据专家的知识挑选最有影响的特征；④用数学的方法进行选取，找出最具分类信息的特征，这种方法是一种比较精确的方法，人为因素的干扰较少，尤其适合于文本自动分类挖掘系统的应用。

随着网络知识组织、人工智能等学科的发展，文本特征提取将向着数字化、智能化、语义化的方向深入发展，在社会知识管理方面发挥更大的作用。

机器学习算法的空间、时间复杂度依赖于输入数据的规模，维度规约（Dimensionality Reduction）则是一种被用于降低输入数据维数的方法。维度规约可以分为两类：

- 特征选择（Feature Selection），从原始的 d 维空间中，选择为我们提供信息最多的 k 个维（这 k 个维属于原始空间的子集）；
- 特征提取（Feature Extraction），将原始的 d 维空间映射到 k 维空间中（新的 k 维空间不输入原始空间的子集）。

在文本挖掘与文本分类的有关问题中，常采用特征选择方法。原因是文本的特征一般都是单词（Term），具有语义信息，使用特征选择找出的 k 维子集，仍然是单词作为特征，保留了语义信息，而特征提取则找 k 维新空间，将会丧失了语义信息。

对于一个语料而言，可以统计的信息包括文档频率和文档类比例，所有的特征选择方法均依赖于这两个统计量，目前，文本的特征选择方法主要有：TF-IDF，DF，MI，IG，CHI 等方法。

为了方便描述，首先一些概率上的定义：

$p(t)$	一篇文档 x 包含特征词 t 的概率。
$p(\overline{C_i})$	文档 x 不属于 C_i 的概率
$p(C_i\|t)$	已知文档 x 的包括某个特征词 t 条件下，该文档属于 C_i 的概率
$p(\overline{t}\|C_i)$	已知文档属于 C_i 条件下，该文档不包括特征词 t 的概率

类似的其他的一些概率如 $p(C_i)$ 等，有着类似的定义。

为了估计这些概率,需要通过统计训练样本的相关频率信息,如表 5-1 所示。

表 5-1　统计的频率信息

类别 特征	C_j	$\overline{C}_j$	总数
t_i	A_{ij}	B_{ij}	$A_{ij}+B_{ij}$
t_i	C_{ij}	D_{ij}	$C_{ij}+D_{ij}$
总数	$A_{ij}+C_{ij}$	$B_{ij}+D_{ij}$	N

其中:

A_{ij}:包含特征词 t_i,并且类别属于 C_j 的文档数量;

B_{ij}:包含特征词 t_i,并且类别属于不 C_j 的文档数量;

C_{ij}:不包含特征词 t_i,并且类别属于 C_j 的文档数量;

D_{ij}:不包含特征词 t_i,并且类别属于不 C_j 的文档数量;

$A_{ij}+B_{ij}$:包含特征词 t_i 的文档数量;

$C_{ij}+D_{ij}$:不包含特征词 t_i 的文档数量;

$A_{ij}+C_{ij}$:C_j 类的文档数量数据;

$B_{ij}+D_{ij}$:非 C_j 类的文档数量数据;

$A_{ij}+B_{ij}+C_{ij}+D_{ij}=N$:语料中所有文档数量。

有了这些统计量,有关概率的估算就变得容易,如:

$$p(t_i)=(A_{ij}+B_{ij})/N$$
$$p(C_i)=(A_{ij}+C_{ij})/N$$
$$p(C_i|t_j)=A_{ij}/(A_{ij}+B_{ij}) \tag{5-1}$$

5.2　特征选择方法

5.2.1　常见的方法

1. TF-IDF

单词权重最为有效的实现方法就是 TF-IDF。此部分内容将在下一小结中单独介绍。

2. 词频方法(Word Frequency):

词频是一个词在文档中出现的次数。通过词频进行特征选择就是将词频小于某一阈值的词删除,从而降低特征空间的维数。这个方法是基于这样一个假设,即出现频率小的词对过滤的影响也较小。但是在信息检索的研究中认为,有时频率小的词含有更多的信息。因此,在特征选择的过程中不宜简单地根据词频大幅度删词。

3. DF(Document Frequency)

DF:统计特征词出现的文档数量,用来衡量某个特征词的重要性,DF 的定义如下:

$$DF = \sum_{i=1}^{m} A_i \qquad (5-2)$$

DF 的动机是,如果某些特征词在文档中经常出现,那么这个词就可能很重要。而对于在文档中出现很少(如仅在语料中出现 1 次)特征词,携带了很少的信息量,甚至是"噪声",这些特征词,对分类器学习影响也是很小。

DF 特征选择方法属于无监督的学习算法,仅考虑了频率因素而没有考虑类别因素,因此,DF 算法的将会引入一些没有意义的词。如中文的"的""是""个"等,常常具有很高的 DF 得分,但是对分类并没有多大的意义。

文档频数最大的优势就是速度快,它的时间复杂度和文本数量成线性关系,所以非常适合于超大规模文本数据集的特征选择。不仅如此,文档频数还非常高效,在有监督的特征选择应用中当删除 90% 单词的时候其性能与信息增益和 $x2$ 统计的性能还不相上下。DF 是最简单的特征项选取方法,而且该方法的计算复杂度低,能够胜任大规模的分类任务。

但如果某一稀有词条主要出现在某类训练集中,却能很好地反映类别的特征,而因低于某个设定的阈值而滤除掉,这样就会对分类精度有一定的影响。

4. MI(Mutual Information)

特征项和类别的互信息体现了特征项与类别的相关程度,是一种广泛用于建立词关联统计模型的标准。互信息与期望交叉熵的不同在于没有考虑特征出现的频率,这样导致互信息评估函数不选择高频的有用词而有可能选择稀有词作为文本的最佳特征。因为对于每一主题来讲,特征 t 的互信息越大,说明它与该主题的共现概率越大,因此,以互信息作为提取特征的评价时应选互信息最大的若干个特征。

互信息法用于衡量特征词与文档类别直接的信息量,互信息法的定义如下:

$$I(t_i, C_j) = \log \frac{p(t_i|C_j)}{p(t_i)} \approx \frac{A_{ij}N}{(A_{ij}+C_{ij})(A_{ij}+B_{ij})} \qquad (5-3)$$

继续推导 MI 的定义公式:

$$I(t_i, C_j) = \log \frac{p(t_i \mid C_j)}{p(t_i)} = \log p(t_i \mid C_j) - \log p(t_i) \qquad (5\text{-}4)$$

从上面的公式上看出：如果某个特征词的频率很低，那么互信息得分就会很大，因此互信息法倾向"低频"的特征词。相对的词频很高的词，得分就会变低，如果这词携带了很高的信息量，互信息法就会变得低效。

互信息计算的时间复杂度类似于信息增益，互信息的平均值就是信息增益。互信息的不足之处在于得分非常受词条边缘概率的影响。

实验数据显示，互信息分类效果最差，其次是文档频率、CC 统计，CHI 统计分类效果最好。

对互信息而言，提高分类精度的方法有：①可以增加特征空间的维数，以提取足够多的特征信息，这样就会带来在时间和空间上的额外开销；②根据互信息函数的定义，认为这些低频词携带着较为强烈的类别信息，从而对它们有不同程度的倚重。当训练语料库没有达到一定规模的时候，特征空间中必然会存在大量出现文档频率很低（比如低于 3 次）的词条，他们较低的文档频率导致了他们必然只属于少数类别。但是从抽取出来的特征词观察发现，大多数为生僻词，很少一部分确实带有较强的类别信息。多数词携带少量的类别信息，甚至是噪音词。

5. IG（Information Gain）

信息增益方法是机器学习的常用方法，在过滤问题中用于度量已知一个特征是否出现于某主题相关文本中对于该主题预测有多少信息。通过计算信息增益可以得到那些在正例样本中出现频率高而在反例样本中出现频率低的特征，以及那些在反例样本中出现频率高而在正例样本中出现频率低的特征。

信息增益是一种基于熵的评估方法，涉及较多的数学理论和复杂的熵理论公式，定义为某特征项为整个分类所能提供的信息量，不考虑任何特征的熵与考虑该特征后的熵的差值。他根据训练数据，计算出各个特征项的信息增益，删除信息增益很小的项，其余的按照信息增益从大到小排序。

信息增益法，通过某个特征词的缺失与存在的两种情况下，语料中前后信息的增加，衡量某个特征词的重要性。

信息增益的定义如下：

$$
\begin{aligned}
G(t_i) = & \left\{ - \sum_{j=1}^{m} p(C_j) \log p(C_j) \right\} \\
& + \left\{ p(t_j) \left[\sum_{j=1}^{m} p(C_j \mid t_i) \log p(C_j \mid t) \right] \right\} \qquad (5\text{-}5) \\
& + p(t_i) \left[\sum_{j=1}^{m} p(C_j \mid t_i) \log p(C_j \mid t_i) \right]
\end{aligned}
$$

依据 IG 的定义，每个特征词 t_i 的 IG 得分前面一部分：$\left\{ - \right.$

$\sum_{j=1}^{m}p(C_j)\log p(C_j)\}$ 计算值是一样，可以省略。因此，IG 的计算公式如下：

$$G(t_i) = \left\{ \frac{A_{ij}+B_{ij}}{N}\left[\sum_{j=1}^{m}\frac{A_{ij}}{A_{ij}+B_{ij}}\log\frac{A_{ij}}{A_{ij}+B_{ij}} \right] \right\}$$
$$+ \left\{ \frac{C_{ij}+D_{ij}}{N}\left[\sum_{j=1}^{m}\frac{C_{ij}}{C_{ij}+D_{ij}}\log\frac{C_{ij}}{C_{ij}+D_{ij}} \right] \right\} \tag{5-6}$$

IG 与 MI 存在关系：

$$G(t_i) = \sum_{j=1}^{m}p(t_i,C_i)I(t_i,C_j) + \sum_{j=1}^{m}p(\bar{t}_i,C_j)I(\bar{t}_i,C_j) \tag{5-7}$$

因此，IG 方式实际上就是互信息 $I(t_i,C_j)$ 与互信息 $I(\bar{t}_i,C_j)$ 加权。

信息增益是信息论中的一个重要概念，它表示了某一个特征项的存在与否对类别预测的影响，定义为考虑某一特征项在文本中出现前后的信息熵之差。某个特征项的信息增益值越大，贡献越大，对分类也越重要。信息增益方法的不足之处在于它考虑了特征未发生的情况。特别是在类分布和特征值分布高度不平衡的情况下，绝大多数类都是负类，绝大多数特征都不出现。此时的函数值由不出现的特征决定，因此，信息增益的效果就会大大降低。信息增益表现出的分类性能偏低。因为信息增益考虑了文本特征未发生的情况，虽然特征不出现的情况中可能对文本类别具有贡献，但这种贡献往往小于考虑这种情况时对特征分值带来的干扰。

6. CHI(Chi-square)

CHI 特征选择算法利用了统计学中的"假设检验"的基本思想：首先假设特征词与类别直接是不相关的，如果利用 CHI 分布计算出的检验值偏离阈值越大，那么更有信心否定原假设，接受原假设的备则假设：特征词与类别有着很高的关联度。CHI 的定义如下：

$$\chi(t_i,C_j) = \frac{N(A_{ij}D_{ij}-C_{ij}B_{ij})^2}{(A_{ij}+C_{ij})(B_{ij}+D_{ij})(A_{ij}+B_{ij})(C_{ij}+D_{ij})} \tag{5-8}$$

对于一个给定的语料而言，文档的总数 N 以及 C_j 类文档的数量，非 C_j 类文档的数量，他们都是一个定值，因此 CHI 的计算公式可以简化为：

$$\chi(t_i,C_j) = \frac{(A_{ij}D_{ij}-C_{ij}B_{ij})^2}{(A_{ij}+B_{ij})(C_{ij}+D_{ij})} \tag{5-9}$$

CHI 特征选择方法，综合考虑文档频率与类别比例两个因素。

5.2.2　影响特征词权值的因素分析

1. 词频

文本内容中的中频词往往具有代表性，高频词区分能力较小，而低频词或者示出现词也常常可以作为关键特征词。所以词频是特征提取中必须考虑的重要因素,并且在不同方法中有不同的应用公式。

2. 词性

汉语中,能标识文本特性的往往是文本中的实词,如名词、动词、形容词等。而文本中的一些虚词,如感叹词、介词、连词等,对于标识文本的类别特性并没有贡献,也就是对确定文本类别没有意义的词。如果把这些对文本分类没有意思的虚词作为文本特征词,将会带来很大噪音,从而直接降低文本分类的效率和准确率。因此,在提取文本特征时,应首先考虑剔除这些对文本分类没有用处的虚词,而在实词中,又以名词和动词对于文本的类别特性的表现力最强,所以可以只提取文本中的名词和动词作为文本的一级特征词。

3. 文档频次

出现文档多的特征词,分类区分能力较差,出现文档少的特征词更能代表文本的不同主题。

4. 标题

标题是作者给出的提示文章内容的短语,特别在新闻领域,新闻报道的标题一般都要求要简练、醒目,有不少缩略语,与报道的主要内容有着重要的联系,对摘要内容的影响不可忽视。统计分析表明,小标题的识别有助于准确地把握文章的主题。主要体现在两个方面:正确识别小标题可以很好地把握文章的整体框架,理清文章的结构层次;同时,小标题本身是对文章中心内容的高度概括。因此,小标题的正确识别能在一定程度上提高文摘的质量。

5. 位置

美国的 EE. Baxendale 的调查结果显示:段落的论题是段落首句的概率为 85%,是段落末句的概率为 7%。而且新闻报道性文章的形式特征决定了第一段一般是揭示文章主要内容的。因此,有必要提高处于特殊位置的句子权重,特别是报道的首句和末句。但是这种现象又不是绝对的,所以,不能认为首句和末句就一定是所要摘要的内容,因此可以考虑一个折中的办法,即首句和末句的权重上可通过统计数字扩大一个常数倍。首段、末段、段首、段尾、标题和副标题、子标题等处的句子往往在较大程度上概述了文章的内容。对于出现在这些位置的句子应该加大权重。

Internet 上的文本信息大多是 HTML 结构的,对于处于 Web 文本结构中不同位置的单词,其相应的表示文本内容或区别文本类别的能力是不同的,所以在单词权值中应该体现出该词的位置信息。

6. 句法结构

句式与句子的重要性之间存在着某种联系,比如摘要中的句子大多是陈述句,而疑问句、感叹句等则不具内容代表性。而通常"总之""综上所述"等一些概括性语义后的句子,包含了文本的中心内容。

7. 专业词库

通用词库包含了大量不会成为特征项的常用词汇,为了提高系统运行效率,系统根据挖掘目标建立专业的分词表,这样可以在保证特征提取准确性的前提下,显著提高系统的运行效率。

用户并不在乎具体的哪一个词出现得多,而在乎泛化的哪一类词出现得多。真正起决定作用的是某一类词出现的总频率。基于这一原理,可以先将词通过一些方法依主题领域划分为多个类,然后为文本提取各个词类的词频特征,以完成对文本的分类。

8. 信息熵

熵(Entropy)在信息论中是一个非常重要的概念,它是不确定性的一种度量。信息熵方法的基本目的是找出某种符号系统的信息量和多余度之间的关系,以便能用最小的成本和消耗来实现最高效率的数据储存、管理和传递。信息熵是数学方法和语言文字学的结合。

9. 文档、词语长度

一般情况下,词的长度越短,其语义越泛。一般来说,中文中词长较长的词往往反映比较具体、下位的概念,而短的词常常表示相对抽象、上位的概念。一般说来,短词具有较高的频率和更多的含义,是面向功能的;而长词的频率较低,是面向内容的,增加长词的权重,有利于词汇进行分割,从而更准确地反映出特征词在文章中的重要程度。词语长度通常不被研究者重视。但是本文在实际应用中发现,关键词通常是一些专业学术组合词汇,长度较一般词汇长。考虑候选词的长度,会突出长词的作用。长度项也可以使用对数函数来平滑词汇间长度的剧烈差异。通常来说,长词汇含义更明确,更能反映文本主题,适合作为关键词,因此将包含在长词汇中低于一定过滤阈值的短词汇进行了过滤。所谓过滤阈值,就是指进行过滤短词汇的后处理时,短词汇的权重和长词汇的权重比的最大值。如果低于过滤阈值,则过滤短词汇,否则保留短词汇。

　　根据统计,二字词汇多是常用词,不适合作为关键词,因此对实际得到的二字关键词可以作出限制。比如,抽取 5 个关键词,本文最多允许 3 个二字关键词存在。这样的后处理无疑会降低关键词抽取的准确度和召回率,但是同候选词长度项的运用一样,人工评价效果将会提高。

　　10. 单词的区分能力

　　在 TF-IDF 公式的基础上,又扩展了一项单词的类区分能力。新扩展的项用于描述单词与各个类别之间的相关程度。

　　11. 词语直径

　　词语直径是指词语在文本中首次出现的位置和末次出现的位置之间的距离。词语直径是根据实践提出的一种统计特征。根据经验,如果某个词汇在文本开头处提到,结尾又提到,那么它对该文本来说,是个很重要的词汇。不过统计结果显示,关键词的直径分布出现了两极分化的趋势,在文本中仅仅出现了 1 次的关键词占全部关键词的 14.184%。所以词语直径是比较粗糙的度量特征。

　　12. 首次出现位置

　　Frank 在 Kea 算法中使用候选词首次出现位置作为 Bayes 概率计算的一个主要特征,称之为距离(Distance)。简单地统计可以发现,关键词一般在文章中较早出现,因此出现位置靠前的候选词应该加大权重。实验数据表明,首次出现位置和词语直径两个特征只选择一个使用就可以了。由于文献数据加工问题导致中国学术期刊全文数据库的全文数据不仅包含文章本身,还包含了作者、作者机构以及引文信息,针对这个特点,使用首次出现位置这个特征,可以尽可能减少全文数据的附加信息造成的不良影响。

　　13. 词语分布偏差

　　词语分布偏差所考虑的是词语在文章中的统计分布。在整篇文章中分布均匀的词语通常是重要的词汇。

5.2.3　特征提取的一般步骤

1. 候选词的确定

（1）分词（词库的扩充）

尽管现在分词软件的准确率已经比较高了,但是它对专业术语的识别率还不是很好,所以为了进一步提高关键词抽取的准确率,有必要在词库中添加了一个专业词库以保证分词的质量。

(2) 停用词的过滤

停用词是指那些不能反映主题的功能词。例如:"的""地""得"之类的助词,以及像"然而""因此"等只能反映句子语法结构的词语,它们不但不能反映文献的主题,而且还会对关键词的抽取造成干扰,有必要将其滤除。停用词确定为所有虚词以及标点符号。

(3) 记录候选词在文献中的位置

为了获取每个词的位置信息,需要确定记录位置信息的方式以及各个位置的词在反映主题时的相对重要性。根据以往的研究结果,初步设定标题的位置权重为 5,摘要和结论部分为 3,正文为 1,同时,把标题、摘要和结论、正文分别称为 5 区、3 区和 1 区。确定了文章各个部分的位置权重之后,就可以用数字标签对每个位置作一个标记。做法是:在标题的开头标上数字 5,在摘要和结论部分的段首标上数字 3,在正文的段首标上数字 1,这样,当软件逐词扫描统计词频时,就可以记录每个词的位置信息。

2. 词语权重计算

①词语权值函数的构造;

②关键词抽取。

候选词的权值确定以后,将权值排序,取前 n 个词作为最后的抽取结果。

3. 基于语义的特征提取方法(结合领域)

(1)基于语境框架的文本特征提取方法

越来越多的现象表明,统计并不能完全取代语义分析。不考虑句子的含义和句子间的关系机械抽取,必然导致主题的准确率低,连贯性差,产生一系列问题,如主要内容缺失、指代词悬挂、文摘句过长等。因此,理想的自动主题提取模型应当将两种方法相结合。应当将语义分析融入统计算法,基本的方法仍然是"统计-抽取"模型,因为这一技术已经相对成熟并拥有丰富的研究成果。

语境框架是一个三维的语义描述,把文本内容抽象为领域(静态范畴)、情景(动态描述)、背景(褒贬、参照等)三个框架。在语境框架的基础上,从语义分析入手,实现了 4 元组表示的领域提取算法、以领域句类为核心的情景提取算法和以对象语义立场网络图为基础的褒贬判断。该方法可以有效地处理语言中的褒贬倾向、同义、多义等现象,表现出较好的特征提取能力。

（2）基于本体论的文本提取方法

应用本体论（On-tology）模型可以有效地解决特定领域知识的描述问题。具体针对数字图像领域的文本特征提取，通过构建文本结构树，给出特征权值的计算公式。算法充分考虑特征词的位置以及相互之间关系的分析，利用特征词统领长度的概念和计算方法，能够更准确地进行特征词权值的计算和文本特征的提取。

（3）基于知网的概念特征提取方法

对于文本的处理，尤其是中文文本处理，字、词、短语等特征项是处理的主要对象。但是字、词、短语更多地体现文档的词汇信息，而不是它的语义信息，因而无法准确表达文档的内容；大多数关于文本特征提取的研究方法只偏重考虑特征发生的概率和所处的位置，而缺乏语义方面的分析；向量空间模型最基本的假设是各个分量间正交，但作为分量的词汇间存在很大的相关性，无法满足模型的假设。基于概念特征的特征提取方法是在 VSM 的基础上，对文本进行部分语义分析，利用知网获取词汇的语义信息，将语义相同的词汇映射到同一概念，进行概念聚类，并将概念相同的词合并成同一词。用聚类得到的词作为文档向量的特征项，能够比普通词汇更加准确地表达文档内容，减少特征之间的相关性和同义现象。这样可以有效降低文档向量的维数，减少文档处理计算量，提高特征提取的精度和效率。

5.3　逆文本词频

在前面讲到在文本挖掘预处理时，提到在向量化后一般都伴随着 TF-IDF 的处理。什么是 TF-IDF，TF-IDF 是 Term Frequency-Inverse Document Frequency 的缩写，即"词频-逆文本频率"。它由 TF 和 IDF 两部分组成。为什么一般需要加这一步预处理呢？这里对 TF-IDF 的原理进行讲述。

5.3.1　文本向量化的不足

在将文本分词并向量化后，就可以得到词汇表中每个词在文本中形成的词向量，比如统计下面 4 个短文本作词频统计：

```
corpus= ["I come to China to travel",
        "This is a car polupar in China",
        "I love tea and Apple ",
```

"The work is to write some papers in science"]

不考虑停用词,处理后得到的词向量如下:

[[0 0 0 1 1 0 0 0 0 0 0 0 0 0 0 2 1 0 0]
 [0 0 1 1 0 1 1 0 0 1 0 0 0 0 1 0 0 0 0]
 [1 1 0 0 0 0 0 1 0 0 0 0 1 0 0 0 0 0 0]
 [0 0 0 0 0 1 1 0 1 0 1 1 0 1 0 1 0 1 1]]

如果直接将统计词频后的 19 维特征作为文本分类的输入,会发现有一些问题。比如第一个文本,发现"come","China"和"Travel"各出现 1 次,而"to"出现了两次。似乎看起来这个文本与"to"这个特征关系更紧密。但是实际上"to"是一个非常普遍的词,几乎所有的文本都会用到,因此虽然它的词频为 2,但是重要性却比词频为 1 的"China"和"Travel"要低得多。如果向量化特征仅仅用词频表示就无法反映这一点,TF-IDF 可以反映这一点。

5.3.2 TF-IDF 概述

TF-IDF,它是由 Salton 在 1988 年提出的。其中 TF 称为词频,用于计算该词描述文档内容的能力;IDF 称为反文档频率,用于计算该词区分文档的能力[12]。TF-IDF 的指导思想建立在这样一条基本假设之上:在一个文本中出现很多次的单词,在另一个同类文本中出现次数也会很多,反之亦然。所以如果特征空间坐标系取 TF 词频作为测度,就可以体现同类文本的特点。另外还要考虑单词区别不同类别的能力,TF-IDF 法认为一个单词出现的文本频率越小,它区别不同类别的能力就越大,所以引入了逆文本频度 IDF 的概念,以 TF 和 IDF 的乘积作为特征空间坐标系的取值测度。

TF-IDF 法是以特征词在文档 d 中出现的次数与包含该特征词的文档数之比作为该词的权重。

用 TF-IDF 算法来计算特征词的权重值是表示当一个词在这篇文档中出现的频率越高,同时在其他文档中出现的次数越少,则表明该词对于表示这篇文档的区分能力越强,所以其权重值就应该越大。将所有词的权值排序,根据需要可以有两种选择方式:①选择权值最大的某一固定数 n 个关键词;②选择权值大于某一阈值的关键词。一些实验表示,人工选择关键词,4~7 个比较合适,机选关键词 10~15 个,通常具有最好的覆盖度和专指度。

TF-IDF 算法认为对区别文档最有意义的词语应该是那些在文档中出现频率高,而在整个文档集合的其他文档中出现频率少的词语,所以如果特征空间坐标系取 TF 词频作为测度,就可以体现同类文本的特点。另外考虑到单词区别不同类别的能力,TF-IDF 法认为一个单词出现的文本频数越小,它区别不同类别文本的能力就越大。因此引入了逆文本频度 IDF 的概念,以 TF 和 IDF 的乘积作为特征空间坐标系的取值测度,并用它完成对权值 TF 的调整,调整权值的目的在于突出重要单词,抑制次要单词。但是在本质上 IDF 是一种试图抑制噪音的加权,并且单纯地认为文本频数小的单词就越重要,文本频数大的单词就越无用,显然这并不是完全正确的。IDF 的简单结构并不能有效地反映单词的重要程度和特征词的分布情况,使其无法很好地完成对权值调整的功能,所以 TF-IDF 法的精度并不是很高。

此外,在 TF-IDF 算法中并没有体现出单词的位置信息,对于 Web 文档而言,权重的计算方法应该体现出 HTML 的结构特征。特征词在不同的标记符中对文章内容的反映程度不同,其权重的计算方法也不同。因此应该对于处于网页不同位置的特征词分别赋予不同的系数,然后乘以特征词的词频,以提高文本表示的效果。

TF 代表词频,之前做的向量化也就是做了文本中各个词的出现频率统计。关键是后面的这个 IDF,即"逆文本频率"如何理解。上面谈到几乎所有文本都会出现的"to",其词频虽然高,但是重要性却应该比词频低的"China"和"Travel"要低。IDF 就是来反映这个词的重要性的,进而修正仅仅用词频表示的词特征值。

概括来讲,IDF 反映一个词在所有文本中出现的频率,如果一个词在很多的文本中出现,那么它的 IDF 值应该低,比如上文中的"to"。而反过来如果一个词在比较少的文本中出现,那么它的 IDF 值应该高。比如一些专业的名词如"Machine Learning"。极端情况是一个词在所有的文本中都出现,那么它的 IDF 值应该为 0。

上面是从定性上说明的 IDF 的作用,那么如何对一个词的 IDF 进行定量分析呢？ 这里直接给出一个词 x 的 IDF 的基本公式如下:

$$\text{IDF}(x) = \log \frac{N}{N(x)} \tag{5-10}$$

其中,N 代表语料库中文本的总数,而 $N(x)$ 代表语料库中包含词 x 的文本总数。

在一些特殊情况下上面的公式会有一些小问题,比如某一个生僻词在语料库中没有,则分母为 0,IDF 就没有意义了。所以常用的 IDF 需要做一些平滑,使语料库中没有出现的词也可以得到一个合适的 IDF 值。平滑的方法有很多种,最常见的 IDF 平滑后的公式之一为:

$$\text{IDF}(x) = \log \frac{N+1}{N(x)+1} + 1 \tag{5-11}$$

进而可以计算某一个词的 TF-IDF 值：

$$\text{TF-IDF}(x) = \text{TF}(x) \times \text{IDF}(x) \qquad (5\text{-}12)$$

其中 TF(x) 指词 x 在当前文本中的词频。

5.3.3 TF-IDF 实践

在 scikit-learn 中，有两种方法进行 TF-IDF 的预处理。

第一种方法是在用 CountVectorizer 类向量化之后，再调用 TfidfTransformer 类进行预处理。

示例代码如下：

```
from sklearn.feature_extraction.text import TfidfTransformer
from sklearn.feature_extraction.text import CountVectorizer


corpus= ["I come to China to travel",
        "This is a car polupar in China",
        "I love tea and Apple ",
        "The work is to write some papers in science"]
vectorizer = CountVectorizer()
transformer =  TfidfTransformer()
tfidf =  transformer.fit_transform(vectorizer.fit_transform(corpus))
print  tfidf
```

输出的各个文本各个词的 TF-IDF 值如下：

(0, 4)	0.442462137895
(0, 15)	0.697684463384
(0, 3)	0.348842231692
(0, 16)	0.442462137895
(1, 3)	0.357455043342
(1, 14)	0.453386397373
(1, 6)	0.357455043342
(1, 2)	0.453386397373
(1, 9)	0.453386397373
(1, 5)	0.357455043342
(2, 7)	0.5
(2, 12)	0.5
(2, 0)	0.5
(2, 1)	0.5

(3, 15)	0.281131628441
(3, 6)	0.281131628441
(3, 5)	0.281131628441
(3, 13)	0.356579823338
(3, 17)	0.356579823338
(3, 18)	0.356579823338
(3, 11)	0.356579823338
(3, 8)	0.356579823338
(3, 10)	0.356579823338

第二种方法是直接用 TfidfVectorizer 完成向量化与 TF-IDF 预处理。示例代码如下：

```
from sklearn.feature_extraction.text import TfidfVectorizer
tfidf2 = TfidfVectorizer()
re = tfidf2.fit_transform(corpus)
print re
```

输出的各个文本各个词的 TF-IDF 值和第一种的输出完全相同。

5.4 特征选择实践

利用 sklearn 开源工具，不过 sklearn 文本的特征选择方法仅提供了 CHI 一种。为此在 sklearn 框架下，可编写这些特征选择方法的代码，下面实现了三种特征选择方法：IG、MI、WLLR。

```
# ! /usr/bin/env python
import os
import sys
import numpy as np

def get_term_dict(doc_terms_list):
    term_set_dict = {}
    for doc_terms in doc_terms_list:
        for term in doc_terms:
            term_set_dict[term] = 1
    term_set_list = sorted(term_set_dict.keys())      # term set 排序后，按照索引做出字典
    term_set_dict = dict(zip(term_set_list, range(len(term_set_list))))
```

```
        return term_set_dict


    def get_class_dict(doc_class_list):
        class_set = sorted(list(set(doc_class_list)))
        class_dict = dict(zip(class_set, range(len(class_set))))
        return  class_dict


    def stats_term_df(doc_terms_list, term_dict):
        term_df_dict = {}.fromkeys(term_dict.keys(), 0)
        for term in term_set:
          for doc_terms in doc_terms_list:
            if term in doc_terms_list:
              term_df_dict[term]+ = 1
        return term_df_dict


    def stats_class_df(doc_class_list, class_dict):
        class_df_list = [0] * len(class_dict)
        for doc_class in doc_class_list:
          class_df_list[class_dict[doc_class]]+ = 1
        return class_df_list


    def stats_term_class_df(doc_terms_list, doc_class_list, term_dict, class_
    dict):
        term_class_df_mat = np.zeros((len(term_dict), len(class_dict)), np.float32)
        for k in range(len(doc_class_list)):
          class_index = class_dict[doc_class_list[k]]
          doc_terms = doc_terms_list[k]
          for term in set(doc_terms):
            term_index = term_dict[term]
            term_class_df_mat[term_index][class_index] + = 1
        return  term_class_df_mat

    def feature_selection_mi(class_df_list, term_set, term_class_df_mat):
        A = term_class_df_mat
        B = np.array([ (sum(x) - x).tolist() for x in A])
        C = np.tile(class_df_list, (A.shape[0], 1)) - A
        N = sum(class_df_list)
        class_set_size = len(class_df_list)
```

```
    term_score_mat = np.log(((A+ 1.0)* N) / ((A+ C) *  (A+ B+ class_set_size)))
    term_score_max_list = [max(x) for x in term_score_mat]
    term_score_array = np.array(term_score_max_list)
    sorted_term_score_index = term_score_array.argsort()[: : - 1]
    term_set_fs = [term_set[index] for index in sorted_term_score_index]

    return term_set_fs


def feature_selection_ig(class_df_list, term_set, term_class_df_mat):
    A = term_class_df_mat
    B = np.array([(sum(x) - x).tolist() for x in A])
    C = np.tile(class_df_list, (A.shape[0], 1)) - A
    N = sum(class_df_list)
    D = N - A - B - C
    term_df_array = np.sum(A, axis = 1)
    class_set_size = len(class_df_list)

    p_t = term_df_array / N
    p_not_t = 1 - p_t
    p_c_t_mat = (A + 1) / (A + B + class_set_size)
    p_c_not_t_mat = (C+ 1) / (C + D + class_set_size)
    p_c_t = np.sum(p_c_t_mat * np.log(p_c_t_mat), axis = 1)
    p_c_not_t = np.sum(p_c_not_t_mat * np.log(p_c_not_t_mat), axis = 1)

    term_score_array = p_t * p_c_t + p_not_t * p_c_not_t
    sorted_term_score_index = term_score_array.argsort()[: : - 1]
    term_set_fs = [term_set[index] for index in sorted_term_score_index]

    return term_set_fs


def feature_selection_wllr(class_df_list, term_set, term_class_df_mat):
    A = term_class_df_mat
    B = np.array([(sum(x) - x).tolist() for x in A])
    C_Total = np.tile(class_df_list, (A.shape[0], 1))
    N = sum(class_df_list)
    C_Total_Not = N - C_Total
    term_set_size = len(term_set)

    p_t_c = (A + 1E- 6) / (C_Total + 1E- 6 * term_set_size)
```

```
    p_t_not_c =  (B +  1E- 6) / (C_Total_Not +  1E- 6 *  term_set_size)
    term_score_mat =  p_t_c *  np.log(p_t_c / p_t_not_c)

    term_score_max_list =  [max(x) for x in term_score_mat]
    term_score_array =  np.array(term_score_max_list)
    sorted_term_score_index =  term_score_array.argsort()[: : - 1]
    term_set_fs =  [term_set[index] for index in sorted_term_score_index]

    print term_set_fs[:10]
    return term_set_fs


def feature_selection(doc_terms_list, doc_class_list, fs_method):
    class_dict =  get_class_dict(doc_class_list)
    term_dict =  get_term_dict(doc_terms_list)
    class_df_list =  stats_class_df(doc_class_list, class_dict)
    term_class_df_mat =  stats_term_class_df(doc_terms_list, doc_class_list,
term_dict, class_dict)
    term_set =  [term[0] for term in sorted(term_dict.items(), key =  lambda x : x
[1])]
    term_set_fs =  []

    if fs_method = =  'MI':
        term_set_fs =  feature_selection_mi(class_df_list, term_set, term_class_
df_mat)
    elif fs_method = =  'IG':
        term_set_fs =  feature_selection_ig(class_df_list, term_set, term_class_
df_mat)
    elif fs_method = =  'WLLR':
        term_set_fs =  feature_selection_wllr(class_df_list, term_set, term_class
_df_mat)

    return term_set_fs
```

在 movie 语料里面比较这三种特征选择方法，调用方法如下：

```
import os
import sys

import numpy as np
import matplotlib.pyplot as plt
```

```
from sklearn.datasets import load_files
from sklearn.cross_validation import train_test_split
from sklearn.feature_extraction.text import  CountVectorizer
from sklearn.naive_bayes import MultinomialNB

import feature_selection

def text_classifly_twang(dataset_dir_name, fs_method, fs_num):
    print 'Loading dataset, 80%  for training, 20%  for testing...'
    movie_reviews =  load_files(dataset_dir_name)
    doc_str_list_train, doc_str_list_test, doc_class_list_train, doc_class_list
_test =  train_test_split(movie_reviews.data, movie_reviews.target, test_size =  0.
2, random_state =  0)

    print 'Feature selection...'
    print 'fs method:' +  fs_method, 'fs num:' +  str(fs_num)
    vectorizer =  CountVectorizer(binary =  True)
    word_tokenizer =  vectorizer.build_tokenizer()
    doc_terms_list_train =  [word_tokenizer(doc_str) for doc_str in doc_str_list
_train]
    term_set_fs =  feature_selection.feature_selection(doc_terms_list_train,
doc_class_list_train, fs_method)[:fs_num]

    print 'Building VSM model...'
    term_dict =  dict(zip(term_set_fs, range(len(term_set_fs))))
    vectorizer.fixed_vocabulary =  True
    vectorizer.vocabulary_ =  term_dict
    doc_train_vec =  vectorizer.fit_transform(doc_str_list_train)
    doc_test_vec=  vectorizer.transform(doc_str_list_test)
    clf =  MultinomialNB().fit(doc_train_vec, doc_class_list_train)  # 调用
MultinomialNB 分类器
    doc_test_predicted =  clf.predict(doc_test_vec)
    acc =  np.mean(doc_test_predicted = =  doc_class_list_test)
    print 'Accuracy: ', acc

    return acc

if __name__ = =  '__main__':
```

```
dataset_dir_name = sys.argv[1]
fs_method_list = ['IG', 'MI', 'WLLR']
fs_num_list = range(25000, 35000, 1000)
acc_dict = {}

for fs_method in fs_method_list:
    acc_list = []
    for fs_num in fs_num_list:
        acc = text_classifly_twang(dataset_dir_name, fs_method, fs_num)
        acc_list.append(acc)
    acc_dict[fs_method] = acc_list
    print 'fs method:', acc_dict[fs_method]

for fs_method in fs_method_list:
    plt.plot(fs_num_list, acc_dict[fs_method], '- - ^', label = fs_method)
    plt.title('feature  selection')
    plt.xlabel('fs num')
    plt.ylabel('accuracy')
    plt.ylim((0.82, 0.86))

plt.legend( loc= 'upper left', numpoints = 1)
plt.show()
```

　　分类的性能随着特征选择的数量的增加,呈现"凸"形趋势:①在特征数量较少的情况下,不断增加特征的数量,有利于提高分类器的性能,呈现"上升"趋势;②随着特征数量的不断增加,将会引入一些不重要的特征,甚至是噪声,因此,分类器的性能将会呈现"下降"的趋势。这张"凸"形趋势体现出了特征选择的重要性:选择出重要的特征,并降低噪声,提高算法的泛化能力。

5.5　小结

　　TF-IDF 是常用的文本挖掘预处理基本步骤,但如果预处理中使用了 Hash Trick,则一般就无法使用 TF-IDF 了,因为 Hash Trick 后已经无法得到哈希后各特征的 IDF 值。使用 IF-IDF 并标准化后,就可以使用各个文本的词特征向量作为文本的特征,进行分类或者聚类分析。

　　尽管 TF-IDF 权重有着非常广泛的应用,并不是所有的文本权重采用

TF-IDF 都会有较好的性能。比如,情感分类(Sentiment Classification)问题上,采用 BOOL 型的权重往往有较好的性能,Sentiment Classification 的很多论文采用 BOOL 型的权重。

TF-IDF 不只用于文本挖掘,在信息检索等很多领域都有使用,因此值得充分理解这个方法的思想。

第6章　文本相似度

6.1　引言

文本相似度,顾名思义,是指两个文本之间的相似度,在搜索引擎、推荐系统、论文鉴定、机器翻译、自动应答、命名实体识别、拼写纠错等领域有广泛的应用。

文本相似度是自然语言处理(NLP)中必不可少的重要环节[13],几乎所有NLP的领域都会涉及,与之相对应的,还有一个概念——文本距离——指的是两个文本之间的距离。文本距离和文本相似度是负相关的——距离小,"离得近",相似度高;距离大,"离得远",相似度低。业务上不会对这两个概念进行严格区分,有时用文本距离,有时则会用文本相似度。

需要注意的是,在本文或其他文章中介绍的方法,有的是距离,是指越小越相似,有的是相似度,值越大越相似。

计算文本相似度具有以下作用:

(1)反垃圾文本的捞取。

"诚聘淘宝兼职""诚聘打字员"……这样的小广告满天飞,作为网站或者APP的运营者,不可能手动将所有的广告文本放入屏蔽名单里,挑几个典型广告文本,与它满足一定相似度就进行屏蔽。

(2)推荐系统。

在微博和各大BBS上,每一篇文章、帖子的下面都有一个推荐阅读,那就是根据一定算法计算出来的相似文章。

(3)冗余过滤。

每天接触过量的信息,信息之间存在大量的重复,相似度可以帮我们删除这些重复内容,比如,大量相似新闻的过滤筛选。

6.2　算法介绍

本文对常用的文本距离计算方法进行介绍。在 Python 的距离包 pairwise_distances 中，统一处理成了距离，即都是值越小，则距离越小、越相似。

本章统一用下面两个文本作为例子：

text1＝上海市市级科技重大专项

text2＝上海市国家级科研重大项目

将 2 个进行分词，选取词维度有：

（上海市，市级，国家级，科技，科研，重大，专项，项目）

$x = (1,1,0,1,0,1,1,0)$

$y = (1,0,1,0,1,1,0,1)$

1. 余弦夹角相似度（Cosine Similarity）

（1）定义

余弦夹角相似度在文本分析中，它是一个比较常用的衡量方法。文本是由词组成的，一般通过计算词频来构造文本向量——词频向量。

简单来看，有 a、b 两个向量，那么 cosine 相似度的原始定义为：

$$\cos\theta = \frac{ab}{\parallel a \parallel \times \parallel b \parallel} \tag{6-1}$$

它本身是值越大越相似，取值范围是 0～1（1＝100％一致，0＝完全不相似）。在 Python 中，需要转化成距离，即越小越相似。Python 中的定义为：1 － cosine similarity。

（2）Python 验证

```
from sklearn.metrics.pairwise
import pairwise_distances
print pairwise_distances(a, metric= 'cosine')
```

得到输出：

```
[[0.    .6]
 [0.6  0.]]
```

（3）适用场景

余弦相似度和杰卡德相似度虽然计算方式差异较大，但性质上很类似（与文本的交集高度相关），所以适用场景也非常类似。

余弦相似度相比杰卡德相似度最大的不同在于它考虑到了文本的频次，比如上面例子出现了 2 次"雨"，和只出现 1 次"雨"，相似度是不同的；再比如"这是是是是是是一个文本"和"这是一个文文文文文文本"，余弦相似度是 39％，整体上符合"相同的内容少于一半，但超过 1/3"的观感（仅从文本来看,不考虑语义)。

(4)不适用场景

向量之间方向相同,但大小不同的情况(这种情况下余弦相似度是 100%)。

比如"太棒了"和"太棒了太棒了太棒了",向量分别是(1,1,1)和(3,3,3),计算出的相似度是 100%。这时候要根据业务场景进行取舍,有些场景下认为它们意思差不多,只是语气程度不一样,这时候余弦相似度非常有效;有些场景下我们认为它们差异很大,哪怕意思差不多,但从文本的角度来看相似度并不高(最直白的,一个 3 个字,一个 9 个字),这时候余弦相似度效果则偏差。

2. 欧氏距离(Euclidean Distance)

(1)定义

欧氏距离是最常见的向量距离,也是数学中的一个非常经典的距离,定义为:

$$d = \sqrt{\sum_{i=1}^{n}(x_i - y_i)^2} \tag{6-2}$$

值越小越相似。

(2)实例计算

用 Python 验证,x 和 y 的欧氏距离 $= 2.45$

```
from sklearn.metrics.pairwise
import pairwise_distances
a = [[1,1,0,1,0,1,1,0],[1,0,1,0,1,1,0,1]]
print pairwise_distances(a, metric= 'euclidean')
```

得到输出:

```
[[0.          2.44948974]
 [2.44948974  0.        ]]
```

(3)适用场景

编码检测等类似领域。两串编码必须完全一致,才能通过检测,这时一个移位或者一个错字,可能会造成非常严重的后果。比如图 6-1,第一个二维码是"这是一篇文本相似度的文章",第二个是"这是一篇文本相似度文章"。从人的理解来看,这两句话相似度非常高,但是生成的二维码却千差万别。

图 6-1　二维码示例

（4）不适用场景

文本相似度，意味着要能区分相似/差异的程度，而欧氏距离更多的只能区分出是否完全一样。而且，欧氏距离对位置、顺序非常敏感，比如"我的名字是孙行者"和"孙行者是我的名字"，在人看来，相似度非常高，但是用欧氏距离计算，两个文本向量每个位置的值都不同，即完全不匹配。

3. Jaccard 系数

（1）定义

Jaccard 系数的原始定义为：

两个集合中，交集的个数/并集的个数。

比如本例中的两个文本：

text1 ＝ 上海市市级科技重大专项→｛上海市，市级，科技，重大，专项｝

text2 ＝ 上海市国家级科研重大项目 → ｛上海市，国家级，科研，重大，项目｝

交集有 2 个（上海市，重大），并集有 8 个。

因此 Jaccard 系数为：1/4。

转化成向量计算，其实跟 hamming 距离是一样的，都是对应元素相同的个数，除以向量的个数。

原始定义是相似度，即越大越相似，取值范围是 0～1（1＝100％一致，0＝完全不相似）。在 Python 中，需要统一转化成距离，即值越小越相似。因此 Python 中的定义为：1 － Jaccard 系数。

（2）Python 验证

```
In [2]: from sklearn.metrics.pairwise import pairwise_distances
a = [[1, 1, 0, 1, 0, 1, 1, 0],[1, 0, 1, 0, 1, 1, 0, 1]]
print pairwise_distances(a, metric='jaccard')
executed in 5ms, finished 19:57:35 2017-10-11

[[ 0.    0.75]
 [ 0.75  0.  ]]
```

```
from sklearn.metrics.pairwise
import pairwise_distances
a = [[1,1,0,1,0,1,1,0],[1,0,1,0,1,1,0,1]]
print pairwise_distances(a, metric= 'euclidean')
```

得到输出：

```
[[0.    0.75]
 [0.75  0.  ]]
```

杰卡德相似度与文本的位置、顺序均无关，比如"王者荣耀"和"荣耀王者"的相似度是 100％。无论"王者荣耀"这 4 个字怎么排列，最终相似度都是 100％。

在某些情况下，会先将文本分词，再以词为单位计算相似度。比如将"王者荣耀"切分成"王者/荣耀"，将"荣耀王者"切分成"荣耀/王者"，那么交集就是{王者,荣耀}，并集也是{王者,荣耀}，相似度恰好仍是 100％。

（3）适用场景

①对字/词的顺序不敏感的文本，比如前述的"零售批发"和"批发零售"，可以很好地兼容。

②长文本，比如一篇论文，甚至一本书。如果两篇论文相似度较高，说明交集比较大，很多用词是重复的，存在抄袭嫌疑。

（4）不适用场景

①重复字符较多的文本，比如"这是是是是是是一个文本"和"这是一个文文文文文文文本"，这两个文本有很多字不一样，直观感受相似度不会太高，但计算出来的相似度却是 100％（交集＝并集）。

②对文字顺序很敏感的场景，比如"一九三八年"和"一八三九年"，杰卡德相似度是 100％，意思却完全不同。

4. 曼哈顿距离（Manhattan Distance）

（1）定义

曼哈顿距离的定义为：

$$d = \sum_{i=1}^{n} |x_i - y_i| \tag{6-3}$$

值越小越相似。

（2）实例计算

用 Python 验证，x 和 y 的曼哈顿距离 ＝ 6

```
from sklearn.metrics.pairwise
```

```
import pairwise_distances
a = [[1,1,0,1,0,1,1,0],[1,0,1,0,1,1,0,1]]
print pairwise_distances(a, metric= 'manhattan')
```

得到输出：

```
[[0.  6.]
 [6.  0.]]
```

适用场景同欧氏距离

5. 闵科夫斯基距离（Minkowski Distance）

（1）定义

$$d = \sqrt[p]{\sum_{i=1}^{n}(x_i - y_i)^p} \qquad (6-4)$$

值越小越相似。

（2）实例计算

用 Python 验证，x 和 y 的闵科夫斯基距离 = 2.45

```
from sklearn.metrics.pairwise
import pairwise_distances
a = [[1,1,0,1,0,1,1,0],[1,0,1,0,1,1,0,1]]
print pairwise_distances(a, metric= 'minkowski')
```

得到输出：

```
[[0.         2.44948974]
 [2.44948974.  0.      ]]
```

6. 马氏距离（Mahalanobis Distance）

（1）定义：

$$d = \sqrt{(x-y)^{\mathrm{T}} S^{-1} (x-y)} \qquad (6-5)$$

值越小越相似。

（2）实例计算

由于马氏距离需要计算向量 x 与 y 的协方差 S，因此对数据量有一定要求，本例中数据量不足，因此 Python 提示无法计算。

7. 海明距离（Hamming Distance）

（1）定义

海明距离为两串向量中，对应元素不一样的个数，比如 101010 与

101011 的最后一位不一样,那么 hamming distance 即为 1,同理 000 与 111 的 hamming 为 3。

但这没有考虑到向量的长度,如 111111000 与 111111111 的距离也是 3,尤其是比较文本的相似时,这样的结果肯定不合理,因此我们可以用向量长度作为分母。Python 中的 hamming distance 即这么计算的。

海明距离也是值越小越相似。但除以长度之后的海明距离,最大值为 1(完全不相似),最小值为 0(完全一致)。

(2)实例计算

```
from sklearn.metrics.pairwise
import pairwise_distances
a = [[1,1,0,1,0,1,1,0],[1,0,1,0,1,1,0,1]]
print pairwise_distances(a, metric= 'hamming')
```

得到输出:

```
[[0.    0.75]
 [0.75  0.  ]]
```

8. 切比雪夫距离(Chebyshev Distance)

(1)定义

切比雪夫距离的定义为:

$$d = \max(|x_i - y_i|) \tag{6-6}$$

意思就是,x 和 y 两个向量,对应元素之差的最大值的绝对值。值越小越相似。

本例中,最大值只可能是 1。

(2)Python 验证

```
from sklearn.metrics.pairwise
import pairwise_distances
a = [[1,1,0,1,0,1,1,0],[1,0,1,0,1,1,0,1]]
print pairwise_distances(a, metric= 'chebyshev')
```

得到输出:

```
[[0.  1.]
 [1.  0.]]
```

6.3 利用 word2vec 实现句子相似度计算

在前面章节介绍词向量化时候提到了 word2vec,本小节通过实例展示如何利用 word2vec 工具实现句子的相似度计算。

1.加载 word2vec 模型

(1)训练 word2vec 模型

Google 实现的 C 语言版的 word2vec 是目前公认的准确率最高的 word2vec 版本。下载后使用 make 命令编译,之后使用编译出的 word2vec 来训练模型:

```
./word2vec - train MYMTEXT_DATA - output MYMVECTOR_DATA - cbow 0 - size 200 - window
5 - negative 0 - hs 1 - sample 1e- 3 - threads 12 - binary 1
```

TEXT_DATA 为训练文本文件路径,词之间使用空格分隔;VECTOR _DATA 为输出的模型文件;不使用 cbow 模型,默认为 Skip-Gram 模型;每个单词的向量维度是 200;训练的窗口大小为 5;不使用 NEG 方法,使用 HS 方法;-sample 指的是采样的阈值,如果一个词语在训练样本中出现的频率越大,那么就越会被采样;-binary 为 1 指的是结果二进制存储,为 0 是普通存储。

训练文本采用维基百科中文语料,中文维基百科语料库的下载链接为:https://dumps.wikimedia.org/zhwiki/,里面按照日期提供了多个版本的中文语料,每个版本都提供了很多类型的可选项,如只包含标题、摘要等。

(2)加载模型
示例如下:

```
Word2Vec vec =  new Word2Vec();
try {
    vec.loadGoogleModel("data/wiki_chinese_word2vec(Google).model");
} catch (IOException e) {
    e.printStackTrace();
}
```

2.计算句子的语义相似度

设计计算句子相似度的方法 sentenceSimilarity(),输入是两个分好词的句子(即两个词语列表)。

```
/* *
 *  计算句子相似度
 *  所有词语权值设为 1
 *  @ param sentence1Words 句子 1 词语列表
 *  @ param sentence2Words 句子 2 词语列表
 *  @ return 两个句子的相似度
 * /
public float sentenceSimilarity(List< String> sentence1Words, List<
String> sentence2Words) {
    if (loadModel = = false) {
        return 0;
    }
    if (sentence1Words.isEmpty() || sentence2Words.isEmpty()) {
        return 0;
    }
    float sum1 = 0;
    float sum2 = 0;
    int count1 = 0;
    int count2 = 0;
    for (int i = 0; i < sentence1Words.size(); i+ + ) {
        if (getWordVector(sentence1Words.get(i)) ! = null) {
            count1+ + ;
                sum1 + = calMaxSimilarity (sentence1Words. get (i),
sentence2Words);
        }
    }
    for (int i = 0; i < sentence2Words.size(); i+ + ) {
        if (getWordVector(sentence2Words.get(i)) ! = null) {
            count2+ + ;
                sum2 + = calMaxSimilarity (sentence2Words. get (i),
sentence1Words);
        }
    }
    return (sum1 + sum2) / (count1 + count2);
}
```

计算词语与词语列表中所有词语的最大相似度:

```
/* *
 *   (最小返回 0)
 *  @param centerWord 词语
 *  @param wordList 词语列表
 */
private float calMaxSimilarity(String centerWord, List< String>  wordList) {
    float max =  - 1;
    if (wordList.contains(centerWord)) {
        return 1;
    } else {
        for (String word : wordList) {
            float temp =  wordSimilarity(centerWord, word);
            if (temp = =  0) continue;
            if (temp >  max) {
                max =  temp;
            }
        }
    }
    if (max = =  - 1) return 0;
    return max;
}
```

计算词相似度：

```
/* *
 *  @param word1
 *  @param word2
 */
public float wordSimilarity(String word1, String word2) {
    if (loadModel = =  false) {
        return 0;
    }
    float[] word1Vec =  getWordVector(word1);
    float[] word2Vec =  getWordVector(word2);
    if(word1Vec = =  null || word2Vec = =  null) {
        return 0;
    }
    return calDist(word1Vec, word2Vec);
}
```

在计算过程中,要求取向量内积:

```
private float calDist(float[] vec1, float[] vec2) {
    float dist =  0;
    for (int i =  0; i <  vec1.length; i+ + ) {
        dist + =  vec1[i] *  vec2[i];
    }
    return dist;
}
```

结果示例:

String s1 = 苏州有多条公路正在施工,造成局部地区汽车行驶非常缓慢;

String s2 = 苏州最近有多条公路在施工,导致部分地区交通拥堵,汽车难以通行;

String s3 = 苏州是一座美丽的城市,四季分明,雨量充沛;

```
//分词,获取词语列表
List< String>  wordList1 =  Segment.getWords(s1);
List< String>  wordList2 =  Segment.getWords(s2);
List< String>  wordList3 =  Segment.getWords(s3);

//句子相似度 (所有词语权值设为 1)
System.out.println("s1|s1: " +  vec.sentenceSimilarity(wordList1, wordList1));
System.out.println("s1|s2: " +  vec.sentenceSimilarity(wordList1, wordList2));
System.out.println("s1|s3: " +  vec.sentenceSimilarity(wordList1, wordList3));
```

输出结果:

```
//句子相似度:
s1|s1: 1.0
s1|s2: 0.7888574
s1|s3: 0.4520114
```

从结果中看出,句子 1 和句子 2 的相似度较高,而句子 1 和句子 3 相似度较低,这符合我们对句子意思的认知。

注意:加载不同的 word2vec 模型,计算相似度的结果也不同。

第7章 朴素贝叶斯文本分类

7.1 引言

文本分类在 NLP 领域里是一个很普通而应用很广的课题,指计算机将一篇文章归于预先给定的某一类或某几类的过程。主要的应用领域为网页分类、微博情感分析、用户评论挖掘、信息检索、Web 文档自动分类、数字图书馆、自动文摘、分类新闻组、文本过滤、单词语义辨析以及文档的组织和管理等。

目前,文本分类已经有了相当多的研究成果,比如应用很广泛的基于规则特征的 SVM 分类器,以及加上朴素贝叶斯方法的 SVM 分类器,还有最大熵分类器、基于条件随机场来构建依赖树的分类方法。在传统的文本分类词袋模型中,在将文本转换成文本向量的过程中,往往会造成文本向量维度过大的问题。还有一些是基于人工的提取规则。这样不利于算法的推广。

文本分类是文本挖掘的核心任务,一直以来倍受学术界和工业界的关注。文本分类的任务是根据给定文档的内容或主题,自动分配预先定义的类别标签。

对文档进行分类,一般需要经过两个步骤:

①文本表示;

②学习分类。

文本表示是指将无结构化的文本内容转化成结构化的特征向量形式,作为分类模型的输入。在得到文本对应的特征向量后,就可以采用各种分类或聚类模型,根据特征向量训练分类器或进行聚类。因此,文本分类或聚类的主要研究任务和相应关键科学问题如下所述。

1. 构建文本特征向量

构建文本特征向量的目的是将计算机无法处理的无结构文本内容转换为计算机能够处理的特征向量形式。文本内容特征向量构建是决定文本分类和聚类性能的重要环节。

为了根据文本内容生成特征向量,需要首先建立特征空间。其中典型代表是文本词袋模型,每个文档被表示为一个特征向量,其特征向量每一维代表一个词项。所有词项构成的向量长度一般可以达到几万甚至几百万的量级。

这样高维的特征向量表示如果包含大量冗余噪音,会影响后续分类聚类模型的计算效率和效果。

因此,往往需要进行特征选择与特征提取,选取最具有区分性和表达能力的特征建立特征空间,实现特征空间降维;或者,进行特征转换,将高维特征向量映射到低维向量空间。特征选择、提取或转换是构建有效文本特征向量的关键问题。

2. 建立分类或聚类模型

在得到文本特征向量后,需要构建分类或聚类模型,根据文本特征向量进行分类或聚类。

其中,分类模型旨在学习特征向量与分类标签之间的关联关系,获得最佳的分类效果;而聚类模型旨在根据特征向量计算文本之间语义相似度,将文本集合划分为若干子集。分类和聚类是机器学习领域的经典研究问题。

一般可以直接使用经典的模型或算法解决文本分类或聚类问题。例如,对于文本分类,我们可以选用朴素贝叶斯、决策树、k-NN、逻辑回归、支持向量机等分类模型。

对于文本聚类,我们可以选用 k-means、层次聚类或谱聚类等聚类算法。这些模型算法适用于不同类型的数据而不仅限于文本数据。

但是,文本分类或聚类会面临许多独特的问题,例如,如何充分利用大量无标注的文本数据,如何实现面向文本的在线分类或聚类模型,如何应对短文本带来的表示稀疏问题,如何实现大规模带层次分类体系的分类功能,如何充分利用文本的序列信息和句法语义信息,如何充分利用外部语言知识库信息,等等。这些问题都是构建文本分类和聚类模型所面临的关键问题。

近年来,文本分类模型研究层出不穷,特别是随着深度学习的发展,深度神经网络模型也在文本分类任务上取得了巨大进展。我们将文本分类模型划分为以下三类:

①基于规则的分类模型;

②基于机器学习的分类模型;

③基于神经网络的分类模型。

一般的文本分类过程如图 7-1 所示。

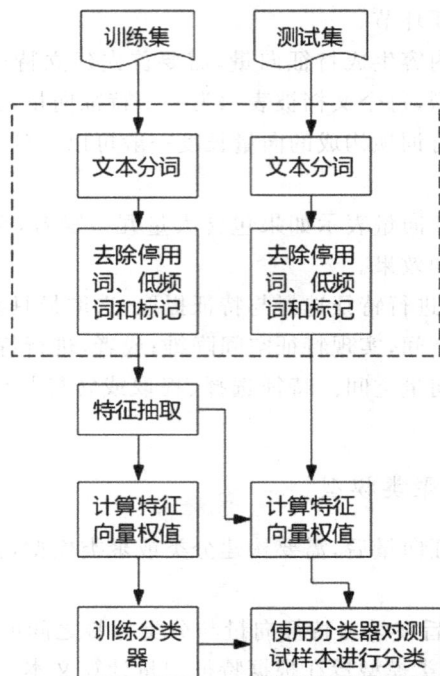

图 7-1 文本分类过程

本章将主要介绍基于朴素贝叶斯的文本分类方法。

7.2 一般概念

下面简要介绍贝叶斯概率和其他相关的知识。

7.2.1 Bayesian 概率理论

Bayesian 概率理论使得人们对尚未发生的事件建模[14]，Bayesian 方法定义了事件可能发生的概率程度，Bayesian 概率的基础是贝叶斯理论。$p(A|B)$ 表示事件 B 已经发生的前提下，事件 A 发生的概率，叫作事件 B 发生下事件 A 的条件概率。其基本求解公式为：

$$p(A|B) = \frac{p(B|A)p(A)}{p(B)} \tag{7-1}$$

其中，A 和 B 分别代表事件，且 $p(B) > 0$。贝叶斯定理之所以有用，是因为在生活中经常遇到这种情况：可以容易直接得出 $P(A|B)$，可 $P(B|A)$ 很难

直接得出,但我们更关心 $P(B|A)$,贝叶斯定理则能打通从 $P(A|B)$ 获得 $P(B|A)$ 的道路。

　　假设,要了解明天是否要下雨,通过天气预报在线服务得知,明天的下雨概率为 30% 的可能性,频率派的方法则直接依赖这个数据作出判断,而贝叶斯派允许加入先验知识,假设最欣赏的天气预报员预报有雨,也假设手边有此预报员的历史预报记录,经分析,有 90% 的正确率。当天气不下雨时,曾作出过 10% 的不正确判断。则定义 A 为"下雨",($\overline{A}$ 为"不下雨",B 为"预报员预报下雨",那么利用贝叶斯理论计算是否下雨的概率如下:

$$
\begin{aligned}
p(A|B) &= \frac{p(B|A)p(A)}{p(B|A)p(A)+p(B|\overline{A})p(\overline{A})} \\
&= \frac{(0.9)(0.3)}{(0.9)(0.3)+(0.1)(0.7)} \\
&= 0.794
\end{aligned}
\tag{7-2}
$$

　　在第二天当观察天气的时候,会知晓预报员的判断是否正确,然后再相应更新其历史记录,下一次想再判断是否下雨的时候,则能够利用更新过的 $p(B|A)$ 和 $p(B|\overline{A})$。

　　进一步,考虑带参数的概率模型和观察到的数据 x,$p(\Theta)$ 表示之前观察到的数据,称作先验。在这种模型下能够观察到数据 x 的概率 $p(x|\Theta)$ 被称作似然度。基于贝叶斯理论,定义后验分布为:

$$
p(\Theta|x) = \frac{p(x|\Theta)p(\Theta)}{p(x)}
\tag{7-3}
$$

　　如果后验分布和先验分布具有相同的形式,则称共轭分布。那么分母仅表示为固定的常数,贝叶斯理论被简化为:

$$
posterior \propto likelihood \times prior
$$

参数 Θ 被定义为概率分布,参数的参数称为超参数。

7.2.2　朴素贝叶斯分类

　　朴素贝叶斯(分类器)是一种生成模型,它会基于训练样本对每个可能的类别建模。之所以叫朴素贝叶斯,是因为采用了属性条件独立性假设,就是假设每个属性独立地对分类结果产生影响。即有下面的公式:

$$
p(c|x) = \frac{p(c)p(x|c)}{p(x)} = \frac{p(c)}{p(x)}\prod_{i=1}^{d}p(x_i|c)
\tag{7-4}
$$

　　后面连乘的地方要注意的是,如果有一项概率值为 0 会影响后面估计,所以对未出现的属性概率设置一个很小的值,并不为 0,这是拉普拉斯修正(Laplacian correction)的方法。拉普拉斯修正实际上假设了属性值和类别的均匀分布,在学习过程中额外引入了先验识。

$$p(c) = \frac{|D_c|+1}{|D|+N} \tag{7-5}$$

整个朴素贝叶斯分类分为三个阶段:

Stage1:准备工作阶段,这个阶段的任务是为朴素贝叶斯分类做必要的准备,主要工作是根据具体情况确定特征属性,并对每个特征属性进行适当划分,然后由人工对一部分待分类项进行分类,形成训练样本集合。这一阶段的输入是所有待分类数据,输出是特征属性和训练样本。这一阶段是整个朴素贝叶斯分类中唯一需要人工完成的阶段,其质量对整个过程将有重要影响,分类器的质量很大程度上由特征属性、特征属性划分及训练样本质量决定。

Stage2:分类器训练阶段,这个阶段的任务就是生成分类器,主要工作是计算每个类别在训练样本中的出现频率及每个特征属性划分对每个类别的条件概率估计,并将结果记录。其输入是特征属性和训练样本,输出是分类器。这一阶段是机械性阶段,根据前面讨论的公式可以由程序自动计算完成。

Stage3:应用阶段,这个阶段的任务是使用分类器对待分类项进行分类,其输入是分类器和待分类项,输出是待分类项与类别的映射关系。这一阶段也是机械性阶段,由程序完成。

7.3 关键字过滤

要理解分类器的原理,可以先从最简单的分类关键词算法开始,以识别网络赌博的文本为例,输入句子:

奖金将在您完成首存后即可存入您的账户。真人荷官,六合彩,赌球欢迎来到全新番摊游戏!

使用关键字算法,可以将真人荷官,六合彩这两个词语加入赌博类别的黑名单,每个类别都维持对应的黑名单表。当之后需要分类的时候,先判断关键字有没有出现在输入句子中,如果有,则判断为对应的类别。这个方法实现简单,但是缺点也很明显,误判率非常高,例如遇到输入句子:

警方召开了全省集中打击赌博违法犯罪活动专项行动电视电话会议。会议的重点是查处六合彩、赌球赌马等赌博活动。

这是一个正常的句子,但是由于包含六合彩,赌球这两个黑名单词语,关键字算法会误判其为赌博类别,同时,如果一个句子同时包含多个不同类别的黑名单词语,例如赌博、色情的话,关键字算法也无法判断正确。

7.4　贝叶斯模型

关键字算法接近贝叶斯模型的原理法。关键字算法的问题在于只对输入句子中的部分词语进行分析,而没有对输入句子的整体进行分析。而贝叶斯模型会对输入句子的所有有效部分进行分析,通过训练数据计算出每个词语在不同类别下的概率,然后综合得出最有可能的结果。可以说,贝叶斯模型是关键字过滤加上统计学的升级版。

朴素贝叶斯模型发源于古典数学理论,有着坚实的数学基础,以及稳定的分类效率。同时,模型所需估计的参数很少,对缺失数据不太敏感,算法也比较简单。理论上,模型与其他分类方法相比具有最小的误差率。但是实际上并非总是如此,这是因为该模型假设属性之间相互独立,这个假设在实际应用中往往是不成立的,这给模型的正确分类带来了一定影响。贝叶斯分类器的分类原理是通过某对象的先验概率,利用贝叶斯公式计算出其后验概率,即该对象属于某一类的概率,选择具有最大后验概率的类作为该对象所属的类。

当贝叶斯模型去判断输入句子:

警方召开了全省集中打击赌博违法犯罪活动专项行动电视电话会议。会议的重点是查处六合彩、赌球赌马等赌博活动。

综合分析句子中的每个词语:

警方,召开,全省,集中打击,……六合彩,赌球,赌马,……

输入句子虽然包含六合彩、赌球这些赌博常出现的词语,但是警方、召开、集中打击这几个词代表这个句子极有可能是正常的句子。

7.4.1　推导

贝叶斯模型的数学推导比较简单,此处不再赘述。这里为了简单起见,我们只考虑句子是正常或者赌博两种可能,先了解一下概率论的基础表达:

P(A)→A事件发生的概率,例如明天天晴的概率

P(A|B)→条件概率,B事件发生的前提下 A事件发生的概率,例如明天天晴而我又

没带伞的概率

P(输入句子)→这个句子在训练数据中出现的概率

P(赌博)→赌博类别的句子在训练数据中出现的概率

P(赌博 | 输入句子)→输入句子是赌博类别的概率(也是我们最终要求的值)

P(赌博 | 输入句子)+ P(正常 | 输入句子)= 100%

如图 7-2 所示,中间重叠的部分是赌博和句子同时发生的概率 P(赌博,输入句子),可以看出:

$$P(赌博 | 输入句子) = P(赌博,输入句子) / P(输入句子)$$
(7-6)

同理:

$$P(输入句子 | 赌博) = P(赌博,输入句子) / P(赌博)$$ (7-7)

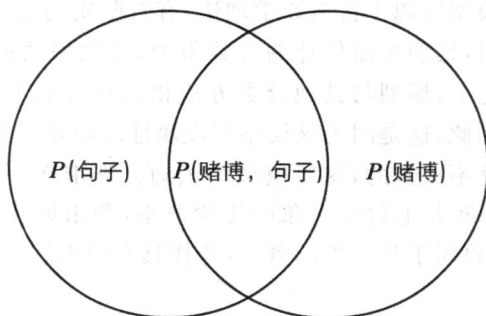

图 7-2　概率示意图

把 (7-7) 代入 (7-6) 得到

$$P(赌博 | 输入句子) = P(输入句子 | 赌博) * P(赌博) / P(输入句子)$$
(7-8)

式(7-8)就是贝叶斯定理,要得到最终输入句子是赌博类别的概率 P(赌博|输入句子),需要知道右边 3 个量的值。

1. P(赌博)

指训练数据中,赌博类别的句子占训练数据的百分比。

2. P(输入句子)

指这个输入句子出现在训练数据中的概率。最终目的是判断输入句子是哪个类别的概率比较高,也就是比较 P(赌博 | 输入句子) 与 P(正常 | 输入句子),由贝叶斯定理:

$$P(赌博 | 输入句子) = P(输入句子 | 赌博) \times P(赌博) / P(输入句子)$$

$$(7-9)$$

$$P(正常 \mid 输入句子) = P(输入句子 \mid 正常) \times P(正常) / P(输入句子)$$

$$(7-10)$$

由于式（7-9）、式(7-10)都要除以相同的 P(输入句子)，所以式（7-9）、式(7-10) 右边可以同时乘以 P(句子)，只比较等号右边前两个值的乘积的大小。

$$P(赌博 \mid 输入句子) = P(输入句子 \mid 赌博) \times P(赌博) \quad P(正常 \mid 输入句子)$$
$$= P(输入句子 \mid 正常) \times P(正常)$$

3. P(句子 | 赌博)

最关键的就是求 P(输入句子 | 赌博)，直接求输入句子在赌博类别句子中出现的概率非常困难，因为训练数据不可能包含所有句子，很可能并没有输入句子，因为同一个句子，把词语进行不同的排列组合都能成立，例如：

奖金将在您完成首存后即可存入您的账户。真人荷官，六合彩，赌球欢迎来到全新番摊游戏！

可以变成

奖金将在您完成首存后即可存入您的账户。六合彩，赌球，真人荷官欢迎来到全新番摊游戏！

或者

欢迎来到全新番摊游戏，奖金将在您完成首存后即可存入您的账户。六合彩，真人荷官，赌球！

变换词语的位置就是一个新的句子，训练数据不可能把所有排列组合的句子都加进去，所以当遇到一个输入句子，很可能它在训练数据中没有出现，那么 P(输入句子 | 类别) 对应的概率都为零，这显然不是真实的结果，也会导致分类器出错，这个时候该怎么办呢？贝叶斯模型中，将一个句子分成不同的词语来综合分析，那是不是也可以把句子当成词语的集合呢？

警方召开了全省集中打击赌博违法犯罪活动专项行动电视电话会议。会议的重点是查处六合彩、赌球赌马等赌博活动。

警方召开了全省……赌马等赌博活动 = 警方 + 召开 + 全省…… + 赌博活动

即：

P(输入句子 | 赌博)

= (P(词语 1) * P(词语 2 | 词语 1) * P(词语 3 | 词语 2)) | 赌博)

≈ P(词语 1) | P(赌博) * P(词语 2) | P(赌博) * P(词语 3) | P(赌博)

P(警方召开了全省……赌马等赌博活动。｜赌博)
   = P(警方 ｜ 赌博) ＊ P(召开 ｜ 赌博) ＊ P(全省 ｜ 赌博)……＊ P(赌马 ｜ 赌博)
＊ P(赌博活动 ｜ 赌博)

把 P(输入句子 ｜ 赌博) 分解成所有 P(词语 ｜ 赌博) 概率的乘积,然后通过训练数据,计算每个词语在不同类别出现的概率。最终获取的是输入句子有效词语在不同类别中的概率,如表 7-1 所示。

表 7-1　不同词语在不同类别中的概率

词语	正常	赌博
警方	0.8	0.2
召开	0.7	0.3
全省	0.7	0.3
赌马	0.4	0.6
赌球	0.3	0.7
赌博活动	0.4	0.6
……	…	…
综合概率	0.9	0.1

在上面的例子中,虽然赌马,赌球,赌博活动这几个词是赌博类别的概率很高,但是综合所有词语,分类器判断输入句子有 80% 的概率是正常句子。简单来说,要判断句子是某个类别的概率,只需要计算该句子有效部分的词语在该类别概率的乘积。

7.4.2　分类模型实现

要计算每个词语在不同类别下出现的概率,有以下几个步骤:
(1)选择训练数据,标记类别;
(2)把所有训练数据进行分词,并且组成一个包含所有词语的词袋集合;
(3)把每个训练数据转换成词袋集合长度的向量;
(4)利用每个类别的训练数据,计算词袋集合中每个词语的概率;

1.选择训练数据

训练数据的选择是非常关键的一步,可以从网络上搜索符合对应类别

的句子,使每个类别的数据各占一半。不过会发现一个难题,就是如何保持数据的独立分布,例如选择的训练数据如下:

(1)赌博类别

根据您所选择的上述礼遇,您必须在娱乐场完成总金额(存款+首存奖金)16 倍或 15 倍流水之后,方可申请提款。

奖金将在您完成首存后即可存入您的账户。真人荷官六合彩欢迎来到全新番摊游戏!

(2)正常类别

Linux 是一套免费使用和自由传播的类 Unix 操作系统,是一个基于 POSIX 和 UNIX 的多用户、多任务、支持多线程和多 CPU 的操作系统。

理查德·菲利普斯·费曼,美国理论物理学家,量子电动力学创始人之一,纳米技术之父。

注意到六合彩、游戏这两个词语,只在赌博类别的训练数据出现。这两个词语对句子是否是赌博类别会有很大的影响性,六合彩对赌博类别确实是重要的判别词,但是游戏这个词语本身和赌博没有直接的关系,却被错误划分为赌博类别相关的词语,当之后分类器遇到:

我们提供最新最全大型单机游戏下载,迷你单机游戏下载,并提供大量单机游戏攻略。

会因为里面的"游戏",将它判断为赌博类别:

```
>>> result = cherry.classify('我们提供最新最全大型游戏下载,迷你游戏下
载,并提供大量游戏攻略')
>>> result.percentage[('gamble.dat', 0.793), ('normal.dat', 0.207)]
>>> result.word_list
[('游戏', 1.9388011143762069)]
```

所以,当要做一个赌博/正常的分类器,需要在正常类别的训练数据添加:

中国游戏第一门户站,全年 365 天保持不间断更新,您可以在这里获得专业的游戏新闻资讯,完善的游戏攻略专区。

这样的正常而且带有"游戏"关键字的句子。同时,当训练数据过少,输入句子包含了训练数据中并没有出现过的词语,该词语也会被分类器所忽略。分类器可以通过需要得到被错误划分的数据以及其权重最高的词语,根据输出的词语来调整训练数据。然后可通过 Adaboost 算法动态调整每个词语的权重。

另外,现实生活中,正常的句子比赌博类别的句子出现的概率要多得多,这点我们也可以从训练数据的比例上面体现,适当增加正常类别句子的数量,也可以赋予正常类别句子高权重。在测试的时候,可以根据混淆矩阵以及 ROC 曲线来分析分类器的效果,再进行数据调整。

2.词袋集合

为简单起见,本篇文章只选取 4 个句子作为训练数据:

(1)赌博类别

根据您所选择的上述礼遇,您必须在娱乐场完成总金额(存款+首存奖金)16 倍或 15 倍流水之后,方可申请提款。

奖金将在您完成首存后即可存入您的账户。真人荷官体育博彩欢迎来到全新番摊游戏!

(2)正常类别

理查德 · 菲利普斯 · 费曼,美国理论物理学家,量子电动力学创始人之一,纳米技术之父。

在公安机关持续不断的打击下,六合彩、私彩赌博活动由最初的公开、半公开状态转入地下。

要计算每个词语在不同类别下的概率,首先需要一个词袋集合,集合包含了训练数据中所有非重复词语(_vocab_list),参考函数_vocab_list:

```
def _get_vocab_list(self):
    Get a list contain all unique non stop words belongs to train_data
    Set up:
    self.vocab_list:
        [
            'What', 'lovely', 'day',
            'like', 'gamble', 'love', 'dog', 'sunkist'
        ]
    vocab_set = set()
    all_train_data = ''.join([v for _, v in self._train_data])
    token = Token(text= all_train_data, lan= self.lan, split= self.split)
    vocab_set = vocab_set | set(token.tokenizer)
    self._vocab_list = list(vocab_set)
```

使用结巴分词进行中文分词,例如第一个数据:

根据您所选择的上述礼遇,您必须在娱乐场完成总金额(存款+首存奖金)16 倍或

15 倍流水之后，方可申请提款。

分词后会得到：

　　['根据', '您', '所', '选择', '的', '上述', '礼遇', ',', '您', '必须', '在', '娱乐场', '完成', '总金额', '(', '存款', '+', '首存', '奖金', ')', '16', '倍', '或', '15', '倍', '流水', '之后', ',', '方可', '申请', '提款', '。']

去掉包含在 stop_word.dat 中的词语，stop_word.dat 包含了汉语中的常见的转折词：

　　如果，但是，并且，不只

这些词语对于分类器没有用处，因为任何类别都会出现这些词语。接下来再去掉长度等于 1 的字，第一个训练数据剩下：

　　['选择', '上述', '礼遇', '娱乐场', '总金额', '存款', '首存', '奖金', '16', '15', '流水', '申请', '提款']

遍历 4 个句子最终得到的长度为 49 的词袋集合（vocab_list）为：

　　['提款', '存入', '游戏', '最初', '六合彩', '娱乐场', '费曼', '奖金', '账户', '菲利普斯', '量子', '电动力学', '总金额', '上述', '活动', '状态', '物理学家', '公安机关', '荷官', '即可', '理论', '申请', '半公开', '选择', '15', '打击', '全新', '来到', '公开', '方可', '博彩', '完成', '理查德', '纳米技术', '不断', '存款', '之一', '创始人', '真人', '私彩', '持续', '根据', '必须', '16', '赌博', '欢迎', '体育', '转入地下', '首存', '流水', '美国', '礼遇']

得到词袋之后，再次使用训练数据，并把每个训练数据都转变成一个长度为 49 的一维向量。

```
def _get_vocab_matrix(self):
    Convert strings to vector depends on vocal_list
    array_list = []        for k, data in self._train_data:
        return_vec = np.zeros(len(self._vocab_list))
        token = Token(text= data, lan= self.lan, split= self.split)
        for i in token.tokenizer:
            if i in self._vocab_list:
                return_vec[self._vocab_list.index(i)] += 1
        array_list.append(return_vec)
    self._matrix_lst = array_list
```

根据您所选择的上述礼遇，您必须在娱乐场完成总金额（存款+首存奖金）16 倍或

15 倍流水之后，方可申请提款。

对应转变成：

```
# 长度为 49
[1, 0, 0, 0, 1, 0, ..., 1, 0, 1]
```

其中的 1 分别对应着数据分词后的词语在词袋中出现的次数。接下来将所有训练数据的向量结合成一个列表_matrix_list。

```
[
    [1, 0, 0, 0, 1, 0, ..., 1, 0, 1]
    [0, 1, 1, 0, 0, 0, ..., 0, 0, 0]
    ...
]
```

要计算每个词语在不同类别下的概率，只需要把词语出现的次数除以该类别的所有词语的总数，分类器出于效率的考虑，可使用 numpy 的矩阵运算。

```
def _training(self):
    '''
    Native bayes training
    '''
    self._ps_vector = []
    # 防止有词语在其他类别训练数据中没有出现过，最后的 P(句子|类别)乘积
就会为零，所以给每个词语一个初始的非常小的出现概率，设置 vector 默认值为 1，cal
对应为 2
    # vector: 默认值为 1 的一维数组
    # cal: 默认的分母，计算该类别所有有效词语的总数
    # num: 计算 P(赌博)，P(句子)
    vector_list = [{         'vector': np.ones(len(self._matrix_lst[0])),
'cal': 2.0, 'num': 0.0} for i in range(len(self.CLASSIFY))] for k, v in enumerate
(self.train_data):
        vector_list[v[0]]['num'] += 1
        # vector 加上对应句子的词向量，最后把整个向量除以 cal，就得到每个
词语在该类别的概率。
        # [1, 0, 0, 0, 1, 0, ..., 1, 0, 1] (根据您所选择的……)
        # [0, 1, 1, 0, 0, 0, ..., 0, 0, 0] (奖金将在您完成……)
        #                     +
        # [1, 1, 1, 1, 1, 1, ..., 1, 1, 1]
        vector_list[v[0]]['vector'] += self._matrix_lst[k]
```

```
        vector_list[v[0]]['cal'] + = sum(self._matrix_lst[k])
    for i in range(len(self.CLASSIFY)):          # 每个词语的概率为[2, 2, 2,
1, 2, 1, ..., 2, 1, 2]/cal
        self._ps_vector.append((
            np.log(vector_list[i]['vector']/vector_list[i]['cal']),
            np.log(vector_list[i]['num']/len(self.train_data))))
```

遍历完所有训练数据之后，会得到两个类别对应的每个词语的概率向量[（为了防止 python 的小数溢出，这里的概率都是取 np.log() 对数之后得到的值）：

赌博

([- 2.80336038, - 2.80336038, - 2.80336038, - 3.49650756, - 3.49650756,

　 - 2.80336038, - 3.49650756, - 2.39789527, - 2.80336038, - 3.49650756,

　 - 3.49650756, - 3.49650756, - 2.80336038, - 2.80336038, - 3.49650756,

　 - 3.49650756, - 3.49650756, - 3.49650756, - 2.80336038, - 2.80336038,

　 - 3.49650756, - 2.80336038, - 3.49650756, - 2.80336038, - 2.80336038,

　 - 3.49650756, - 2.80336038, - 2.80336038, - 3.49650756, - 2.80336038,

　 - 2.80336038, - 2.39789527, - 3.49650756, - 3.49650756, - 3.49650756,

　 - 2.80336038, - 3.49650756, - 3.49650756, - 2.80336038, - 3.49650756,

　 - 3.49650756, - 2.80336038, - 2.80336038, - 2.80336038, - 3.49650756,

　 - 2.80336038, - 2.80336038, - 3.49650756, - 2.39789527, - 2.80336038,

　 - 3.49650756, - 2.80336038]), 0.5)

正常

([- 3.25809654, - 3.25809654, - 3.25809654, - 2.56494936, - 2.56494936,

　 - 3.25809654, - 2.56494936, - 3.25809654, - 3.25809654, - 2.56494936,

　 - 2.56494936, - 2.56494936, - 3.25809654, - 3.25809654, - 2.56494936,

　 - 2.56494936, - 2.56494936, - 2.56494936, - 3.25809654, - 3.25809654,

　 - 2.56494936, - 3.25809654, - 2.56494936, - 3.25809654, - 3.25809654,

　 - 2.56494936, - 3.25809654, - 3.25809654, - 2.56494936, - 3.25809654,

　 - 3.25809654, - 3.25809654, - 2.56494936, - 2.56494936, - 2.56494936,

　 - 3.25809654, - 2.56494936, - 2.56494936, - 3.25809654, - 2.56494936,

　 - 2.56494936, - 3.25809654, - 3.25809654, - 3.25809654, - 2.56494936,

　 - 3.25809654, - 3.25809654, - 2.56494936, - 3.25809654, - 3.25809654,

　 - 2.56494936, - 3.25809654]), 0.5)

词袋集合

['提款', '存入', '游戏', '最初', '六合彩', '娱乐场', '费曼', '奖金', '账户', '

菲利普斯','量子','电动力学','总金额','上述','活动','状态','物理学家','公安机关','荷官','即可','理论','申请','半公开','选择','15','打击','全新','来到','公开','方可','博彩','完成','理查德','纳米技术','不断','存款','之一','创始人','真人','私彩','持续','根据','必须','16','赌博','欢迎','体育','转入地下','首存','流水','美国','礼遇']

　　结合向量和词袋集合来看,提款、存入、游戏这几个词是赌博的概率要大于正常的概率。

```
# 赌博 提款,存入,游戏[- 2.80336038, - 2.80336038, - 2.80336038]
# 正常 提款,存入,游戏[- 3.25809654, - 3.25809654, - 3.25809654]
```

　　符合我们的常识,接下来进行输入句子的分类。

3. 类别判断

　　训练完数据,得到词语对应概率之后,判断类别就非常简单,只需要把输入句子进行相同的分词,然后计算对应的词语对应的概率的乘积即可,得到乘积最大的就是最有可能的类别。输入句子:

欢迎参加澳门在线娱乐城,这里有体育,百家乐,六合彩各类精彩游戏。

　　同样,根据原先的词袋集合,先转变为一维向量:

```
# 词袋集合['提款','存入','游戏','最初','六合彩','娱乐场','费曼','奖金','账户','菲利普斯','量子','电动力学','总金额','上述','活动','状态','物理学家','公安机关','荷官','即可','理论','申请','半公开','选择','15','打击','全新','来到','公开','方可','博彩','完成','理查德','纳米技术','不断','存款','之一','创始人','真人','私彩','持续','根据','必须','16','赌博','欢迎','体育','转入地下','首存','流水','美国','礼遇']
# 一维向量[0, 0, 1, 0, 1, ...]
```

　　然后与分别与两个概率向量相乘,求和,并加上对应的类别占比,对应的代码:

```
def _bayes_classify(self):
    '''
    Calculate the probability of different category
    '''
    possibility_vector = []
    log_list = []   # self._ps_vector: ([- 3.44, - 3.56, - 2.90], 0.4)
    for i in self._ps_vector:        # 计算每个词语对应概率的乘积
        final_vector = i[0] * self.word_vec
```

```
        # 获取对分类器影响度最大的词语
        word_index = np.nonzero(final_vector)
        non_zero_word = np.array(self._vocab_list)[word_index]
        # non_zero_vector: [- 7.3, - 8]
        non_zero_vector = final_vector[word_index]
        possibility_vector.append(non_zero_vector)
        log_list.append(sum(final_vector) + i[1])
    possibility_array = np.array(possibility_vector)
max_val = max(log_list)    for i, j in enumerate(log_list):
        # 输出最大概率的类别
        if j == max_val:
            max_array = possibility_array[i, :]
            left_array = np.delete(possibility_array, i, 0)
            sub_array = np.zeros(max_array.shape)
            # 通过曼哈顿举例，计算影响度最大的词语
            for k in left_array:
                sub_array += max_array - k
            return self._update_category(log_list), \
                sorted(
                    list(zip(non_zero_word, sub_array)),
                    key= lambda x: x[1], reverse= True)
```

通过计算：

P(赌博 | 句子)
= sum([0, 0, 1, 0, 1, …] * [- 2.80336038, - 2.80336038, - 2.80336038, …]) + P(赌博)
= 0.85
P(正常 | 句子)
= sum([0, 0, 1, 0, 1, …] * [- 3.25809654, - 3.25809654, - 3.25809654, …]) + P(正常)
= 0.15

最终得到 P(赌博 | 句子) ＞ P(正常 | 句子)，所以分类器判断这个句子是赌博类别。

```
>>> result = cherry.classify('欢迎参加澳门在线娱乐城，这里有体育，百家乐，六合彩各类精彩游戏。')
>>> result.percentage[('gamble.dat', 0.85), ('normal.dat', 0.15)]
>>> result.word_list
```

〔('六合彩', 0.96940055718810347), ('游戏', 0.96940055718810347), ('欢迎', 0.56393544907993931)〕

7.4.3 测试

测试方法可分为两种,一种是统计分析,另一种是算法分析。

1. 统计分析

在统计分析方法中,测试方法有留出法(hold-out),k 折交叉验证法(cross validation),自助法(bootstrapping),以留出法举例,测试脚本可每次从所有数据中选出若干数量的句子当成测试数据,剩下的当成训练数据。重复进行测试 10 次。运行测试脚本,可得到分类测试数据的平均错误率。同时还可以通过混淆矩阵对分类器进行分析:

表 7-2 类别判断

类别	含义
真阳性	输入句子为赌博类别,分类器判断为赌博类别
假阳性	输入句子为正常类别,分类器判断为赌博类别
真阴性	输入句子为正常类别,分类器判断为正常类别
假阴性	输入句子为赌博类别,分类器判断为正常类别

查全率等的定义:

查全率(recall)(能找出赌博类别句子的概率):
真阳性 /(真阳性+假阴性)
查准率(precision)(分类为赌博类别中的句子,确实是赌博类别的概率):
真阳性 /(真阳性+假阳性)

如果业务的需求是尽可能找到潜在的阳性数据(例如癌症初检),那么就要求高查全率,不过对应的,高查全率会导致查准率降低。可以这样理解,假如所有句子都判断成赌博类别,那么所有确实是赌博类别的句子确实都被检测到了,但是查准率变得很低。影响查全率以及查准率的一点是训练数据数量的比例,日常的句子中,赌博类别的句子与正常类别的句子比例可能是 1∶50。也就是说随便给出一个句子,不用看内容,那么它有 98% 是正常的。不过在某些情况下,例如热门评论区打广告的用户就很多,那么这个比例就变成 1∶10 或者 1∶20,这个比例是根据具体业务而调整的。

训练数据也应该遵循这个比例,但是实现中,必须要找到大量独立分布的数据才能遵循这个比例,这就是机器学习数据常遇到的不均衡分类问题。要解决这个问题,可以引入 Adaboost 算法动态调整每个词语的权重,输出 ROC 曲线,如图 7-3 所示。

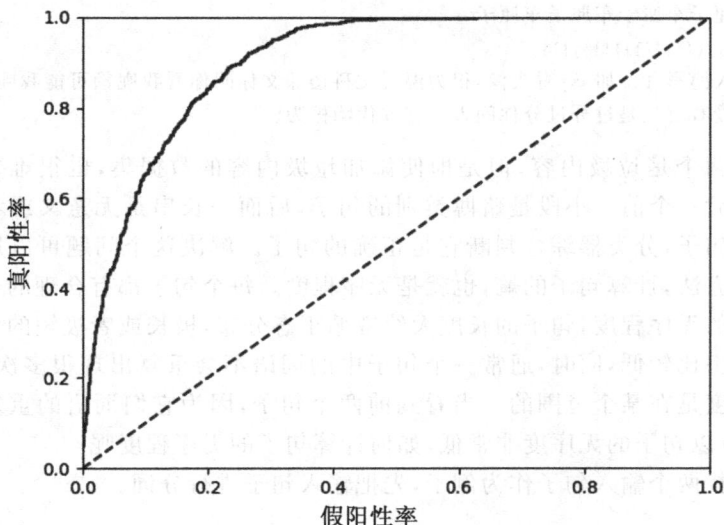

图 7-3　ROC 曲线

2.算法分析

(1)上下文关联

当计算 P(输入句子 | 类别) 的时候,把输入句子分成了词语的集合,同时假定了输入句子中词语与词语之间没有上下文关系,其实这是不完全正确的,例如:

警方召开了全省集中打击赌博违法犯罪活动……

从常识句子的上下文判断,集中打击出现在赌博违法犯罪之前的概率,要比召开出现在赌博违法犯罪之前的概率高,不过当我们把输入句子分成词语的集合的时候,把它们看成每个词语都是独立分布的。这也是此算法称为朴素贝叶斯的原因,如果有大量的数据集,计算出每个词语对应词袋模型其他词语的出现概率值的话,可以提高检测的准确率。

要注意的是,训练数据选择与最后进行分类的数据必须尽量关联,如果要检测的句子与训练数据有非常大的差别,例如检测的内容包含大量的英文单词,但是训练数据却没有,那么分类器就无法进行正确的分类。同时,输入句子过短的话,分类器也无法很好地进行分类。因为分类的结果会很容易被其中的一两个词语所影响。

(2)分类器绕过

分类器无法分辨重复内容或部分无意义文本,输入句子:

车厘子车厘子车厘子车厘子

{{{{{{{{{{{{{}}}}}}}}}}}}}}

加入博彩 121 加 qq 看头像,很为温暖文科楼课文你问你看我呢额可能我呃让你听客啊啊爱看就是是过分过分你问人人官方代购极为。

前两个是垃圾内容,但是即使添加垃圾内容的数据集,也很难判断正确。最后一个前一小段是赌博类别的句子,后面一长串是无意义或者正常类别的句子,分类器综合判断它是正确的句子。解决这个问题可以用一个简单的方法,计算句子的熵,也就是无序程度。每个句子都有合理的长度以及合理的无序程度,句子的长度大约遵循正态分布,极长或者极短的句子出现的概率比较低,同时,通常一个句子中的词语不会重复出现很多次,它的无序程度是在某个范围的。当看到前两个句子,因为它们词语的重复度非常高,所以句子的无序度非常低,如何计算句子的无序程度呢?

①找两个输入句子作为例子,先把输入句子进行分词。

车厘子是一只非常可爱的猫咪
车厘子车厘子车厘子车厘子

得到分词结果如下:

[车厘子,非常,可爱,猫咪]
[车厘子,车厘子,车厘子,车厘子]

②计算每个词语出现的次数除以句子的词语数量:

P(车厘子) = P(非常) = P(可爱) = P(猫咪) = 1/4 (句子 1)
P(车厘子) = 4/4 = 1 (句子 2)

通过计算熵的公式,带入每个概率值,最后除以句子的词语数量。

在同样的句子长度下,可以设置一个熵的范围,如果低于该值,代表句子可能是垃圾数据。一般来说,先进行垃圾文本过滤,然后进行贝叶斯模型的分类,在工程中会有更好的效果。

7.5　小结

在文本分类中,常会遇到样本比例不平衡的问题,如对于一个二分类问题,正负样本的比例是 10:1。这种现象往往是由于本身数据来源决定的,如短信文本中的信用卡诈骗问题,往往就是正样本居多。样本比例不平衡往往会带来不少问题,但是实际获取的数据又往往是不平衡的,样本不平衡往往会导致模型对样本数较多的分类造成过拟合;除此之外,一个典型的问题就是 Accuracy Paradox,这个问题指的是模型对样本预测的准确率很高,但是模型的泛化能力差。其原因是模型将大多数的样本都归类为样本数较多的那一类,如表 7-3 所示。

表 7-3 样本数分类

category	Predicted Negative	Predicted Positive
Negative Cases	9700	150
Positive Cases	50	100

$$准确率为 \frac{9700+100}{9700+150+50+100}=0.98$$

而假如将所有的样本都归类于预测为负样本,准确率会进一步上升,但是这样的模型显然是不好的,实际上,模型已经对这个不平衡的样本过拟合处理。

针对样本的不平衡问题,有以下几种常见的解决思路

1. 搜集更多的数据

搜集更多的数据,从而让正负样本的比例平衡,这种方法往往是最被忽视的方法,然而实际上,当搜集数据的代价不大时,这种方法是最有效的。

但是需要注意,当搜集数据的场景本来产生数据的比例就是不平衡时,这种方法并不能解决数据比例不平衡问题。

2. 改变评判指标

改变评判指标,也就是不用准确率来评判和选择模型,原因就是上面提到的 Accuracy Paradox 问题。实际上有一些评判指标就是专门解决样本不平衡时的评判问题的,如准确率、召回率、F1 值、ROC(AUC)、Kappa 等。

ROC 曲线具有不随样本比例而改变的良好性质,因此能够在样本比例不平衡的情况下较好地反映出分类器的优劣。

3. 对数据进行采样

对数据采样可以有针对性地改变数据中样本的比例,采样一般有两种方式:over-sampling 和 under-sampling,前者是增加样本数较少的样本,其

方式是直接复制原来的样本,而后者是减少样本数较多的样本,其方式是丢弃这些多余的样本。

4. 合成样本

合成样本(Synthetic Samples)是为了增加样本数目较少的那一类的样本,合成指的是通过组合已有的样本的各个特征从而产生新的样本。

一种最简单的方法就是从各个特征中随机选出一个已有值,然后拼接成一个新的样本,这种方法增加了样本数目较少的类别的样本数,作用与上面提到的 over-sampling 方法一样,不同点在于上面的方法是单纯的复制样本,而这里是拼接得到新的样本。

这类方法中的具有代表性的方法是 SMOTE(Synthetic Minority Over-sampling Technique),这个方法通过在相似样本中进行特征的随机选择并拼接出新的样本。

5. 改变样本权重

改变样本权重指的是增大样本数较少类别的样本的权重,当这样的样本被误分时,其损失值要乘上相应的权重,从而让分类器更加关注这一类数目较少的样本。

最后,理解了贝叶斯分类的原理,并根据实际的业务需求,来判断使用什么分词函数,使用哪些停用词表,定制适合业务的数据集,同时根据输出的被错误分类的数据以及混淆矩阵,做出对应的调整。

文本分类技术在智能信息处理服务中有着广泛的应用。例如,大部分在线新闻门户网站(如新浪、搜狐、腾讯等)每天都会产生大量新闻文章,如果对这些新闻进行人工整理非常耗时耗力,而自动对这些新闻进行分类,将为新闻归类以及后续的个性化推荐等都提供巨大帮助。

互联网还有大量网页、论文、专利和电子图书等文本数据,对其中文本内容进行分类,是实现对这些内容快速浏览与检索的重要基础。此外,许多自然语言分析任务如观点挖掘、垃圾邮件检测等,也都可以看作文本分类或聚类技术的具体应用。

对文档进行分类,一般需要经过两个步骤:①文本表示;②学习。文本表示是指将无结构化的文本内容转化成结构化的特征向量形式,作为分类模型的输入。在得到文本对应的特征向量后,就可以采用各种分类或聚类模型,根据特征向量训练分类器。

第8章 fastText原理及文本分类实践

8.1 引言

fastText是Facebook于2016年开源的一个词向量计算和文本分类工具,优点非常明显,在文本分类任务中,fastText(浅层网络)往往能取得和深度网络相媲美的精度,却在训练时间上比深度网络快许多数量级[15]。在标准的多核CPU上,能够训练10亿词级别语料库的词向量在10分钟之内,能够分类有着30万多类别的50多万句子在1分钟之内。

在本章节,将介绍fastText的原理及其处理文本的应用。

8.2 fastText的技术依赖

8.2.1 Softmax回归

Softmax回归(Softmax Regression)又被称作多项逻辑回归(Multinomial Logistic Regression),它是逻辑回归在处理多类别任务上的推广。

在逻辑回归中,有m个被标注的样本:$\{(x^{(1)},y^{(1)}),\cdots,(x^{(m)},y^{(m)})\}$,其中$x^{(i)} \in \mathbf{R}^n$,因为类标是二元的,所以有$y^{(i)} \in \{0,1\}$,假设有如下形式:

$$h_\theta(x) = \frac{1}{1+e^{-\theta^\mathrm{T}x}} \tag{8-1}$$

代价函数(cost function)如下:

$$J(\theta) = -\left[\sum_{i=1}^{m} y^{(i)}\log h_\theta(x^{(i)}) + (1-y^{(i)})\log(1-h_\theta(x^{(i)}))\right] \tag{8-2}$$

在Softmax回归中,类标是大于2的,因此在训练集$\{(x^{(1)},y^{(1)}),\cdots,(x^{(m)},y^{(m)})\}$中,$y^{(i)} \in \{1,2,\cdots,K\}$,给定一个测试输入$x$,我们的假设应该输出一个$K$维的向量,向量内每个元素的值表示$x$属于当前类别的概率。

具体地,假设 $h_\theta(x)$ 形式如下:

$$h_\theta(x) = \begin{bmatrix} P(y=1 \mid x;\theta) \\ P(y=2 \mid x;\theta) \\ \cdots \\ P(y=K \mid x;\theta) \end{bmatrix} = \frac{1}{\sum_{j=1}^{K} e^{\theta(j)^T x}} \begin{bmatrix} e^{\theta(1)^T x} \\ e^{\theta(2)^T x} \\ \cdots \\ e^{\theta(K)^T x} \end{bmatrix} \tag{8-3}$$

代价函数如下:

$$J(\theta) = -\left[\sum_{i=1}^{m} \sum_{k=1}^{K} 1\{y^{(i)} = k\} \log \frac{e^{\theta^{(k)T} x^{(i)}}}{\sum_{j=1}^{K} e^{\theta^{(j)T} x^{(i)}}} \right] \tag{8-4}$$

其中,$1\{\bullet\}$ 是指示函数,即 $1\{\cdot\}=1$ 或 $1\{\cdot\}=0$。

既然说 Softmax 回归是逻辑回归的推广,即能够在代价函数上推导出它们的一致性:

$$J(\theta) = -\left[\sum_{i=1}^{m} y^{(i)} \log h_\theta(x^{(i)}) + (1-y^{(i)}) \log(1-h_\theta(x^{(i)})) \right] =$$

$$-\sum_{i=1}^{m} \sum_{k=0}^{1} 1\{y^{(i)} = k\} \log P(y^{(i)} = k \mid x^{(i)};\theta) =$$

$$-\sum_{i=1}^{m} \sum_{k=0}^{1} 1\{y^{(i)} = k\} \log \frac{e^{\theta^{(k)T} x^{(i)}}}{\sum_{j=1}^{K} e^{\theta^{(j)T} x^{(i)}}}$$

$$\tag{8-5}$$

可以看到,逻辑回归是 softmax 回归在 $K=2$ 时的特例。

8.2.2 分层 Softmax

标准的 Softmax 回归中,要计算 $y=j$ 时的 Softmax 概率:$P(y=j)$,需要对所有的 K 个概率做归一化,这在 $|y|$ 很大时非常耗时。于是,分层 Softmax 诞生了,它的基本思想是使用树的层级结构替代扁平化的标准 Softmax,使得在计算 $P(y=j)$ 时,只需计算一条路径上的所有节点的概率值,无须在意其他的节点。

树的结构是根据类标的频数构造的霍夫曼树。K 个不同的类标组成所有的叶子节点,$K-1$ 个内部节点作为内部参数,从根节点到某个叶子节点经过的节点和边形成一条路径,路径长度被表示为 $L(y_i)$。于是,$P(y_i)$ 就可以被写成:

$$P(y_i) = \prod_{l=1}^{L(y_j)-1} \sigma([n(y_j, l+1) = LC(n(y_j, l))] \cdot \theta_{n(y_j^T, l)} X)$$

$$\tag{8-6}$$

其中,$\sigma(\cdot)$ 表示 sigmoid 函数;$LC(n)$ 表示 n 节点的函数;$\theta_{n(y_j,l)}$ 是中间节点 $n(y_j,l)$ 的参数;X 是 Softmax 层的输入。

高亮的节点和边是从根节点到 y_2 的路径,路径长度 $L(y_2)=4$,$P(y_2)$ 可以被表示为:

$$P(y_2) = P(n(y_2,1),left) \cdot P(n(y_2,2),left) \cdot P(n(y_2,3),right)$$
$$= \sigma(\theta_{n(y_2^T,1)}X) \cdot \sigma(\theta_{n(y_2^T,2)}X) \cdot \sigma(-\theta_{n(y_2^T,3)}X) \tag{8-7}$$

于是,从根节点走到叶子节点 y_2,实际上是在做了 3 次二分类的逻辑回归。通过分层的 Softmax,计算复杂度从 $|K|$ 降低到 $\log|K|$。

8.2.3　n-gram 特征

在文本特征提取中,常常能看到 n-gram 的身影。它是一种基于语言模型的算法,基本思想是将文本内容按照字节顺序进行大小为 N 的滑动窗口操作,最终形成长度为 N 的字节片段序列。看下面的例子:

我来到清华大学参观

相应的 bigram 特征为:
我来　来到　到清　清华　华大　大学　学参　参观

相应的 trigram 特征为:
我来到　来到清　到清华　清华大　华大学　大学参　学参观

注意:n-gram 中的 gram 根据粒度不同,有不同的含义。它可以是字粒度,也可以是词粒度的。上面所举的例子属于字粒度的 n-gram,词粒度的 n-gram 看下面例子:

我来到清华大学参观

相应的 bigram 特征为:
我来到　来到清华大学　清华大学参观

相应的 trigram 特征为:
我来到清华大学　来到清华大学参观

n-gram 产生的特征只是作为文本特征的候选集,后面可能会采用信息熵、卡方统计、IDF 等文本特征选择方式筛选出比较重要特征。

8.3 fastText 原理

8.3.1 字符级别的 n-gram

word2vec 把语料库中的每个单词当成原子的，它会为每个单词生成一个向量。这忽略了单词内部的形态特征，比如："apple" 和 "apples"，"联想集团" 和 "联想"，这两个例子中，两个单词都有较多公共字符，即它们的内部形态类似，但是在传统的 word2vec 中，这种单词内部形态信息因为它们被转换成不同的 id 丢失了。

为了克服这个问题，fastText 使用了字符级别的 n-gram 来表示一个单词。对于单词 "apple"，假设 n 的取值为 3，则它的 trigram 有：

$$"<ap", "app", "ppl", "ple", "le>"$$

其中，<表示前缀，>表示后缀。于是，可以用这些 trigram 来表示 "apple" 这个单词，进一步，用这 5 个 trigram 的向量叠加来表示 "apple" 的词向量。

这带来两点好处：

①对于低频词生成的词向量效果会更好。因为它们的 n-gram 可以和其他词共享。

②对于训练词库之外的单词，仍然可以构建它们的词向量，叠加它们的字符级 n-gram 向量。

8.3.2 fastText 原理简述

fastText 模型和 word2vec 的 CBOW 模型架构非常相似。于是，Facebook 开源的 fastText 工具不仅实现了 fastText 文本分类工具，还实现了快速词向量训练工具[15]。word2vec 主要有两种模型：skip-gram 模型和 CBOW 模型。一般情况下，使用 fastText 进行文本分类的同时也会产生词的 embedding，即 embedding 是 fastText 分类的产物。除非决定使用预训练的 embedding 来训练 fastText 分类模型。

和 CBOW 一样，fastText 模型也只有三层：输入层、隐含层、输出层（Hierarchical Softmax），输入都是多个经向量表示的单词，输出都是一个特定的 target，隐含层都是对多个词向量的叠加平均。

不同的是，CBOW 的输入是目标单词的上下文，fastText 的输入是多个单词及其 n-gram 特征，这些特征用来表示单个文档；CBOW 的输入单词被 onehot 编码过,fastText 的输入特征是被 embedding 过;CBOW 的输出是目标词汇,fastText 的输出是文档对应的类标。

值得注意的是,fastText 在输入时,将单词的字符级别的 n-gram 向量作为额外的特征;在输出时,fastText 采用了分层 Softmax,大大降低了模型训练时间。

fastText 相关公式的推导和 CBOW 非常类似,这里不展开,具体过程可以见参考文献。fastText 的核心思想就是:将整篇文档的词及 n-gram 向量叠加平均得到文档向量,然后使用文档向量做 Softmax 多分类。这中间涉及到两个技巧:字符级 n-gram 特征的引入以及分层 Softmax 分类。

8.4 利用 fastText 实现文本内容鉴别

8.4.1 任务描述

机器写作逐渐浮出水面,在突发性的事件中,机器采集到相关的新闻素材会用人工智能的方法整理成一份新闻稿,以替代人类写手。在外文科技写作课堂中,教师要求学生提交英文翻译稿,有学生偷懒不尝试自己翻译,而是直接利用百度翻译、Google 翻译等平台,把翻译的文稿内容作为结果提交。所以,鉴别一篇文章是由机器写出来的还是人类写出来的,就需要设计一套模型来区分它们。比如说人类写出来的文章,文章的标题和内容契合度比较高(排除标题党的情况),而且文章正文有一定的逻辑连续性,很少在文章的主体区中出现乱码。

机器写出来的文章在以上方面和人类写出来的文章会有不同之处。比如常出现以下情况,一是存在反复,且不需要反复强调的文字;二是逻辑不通顺,部分词汇出现的位置莫名其妙;三是文章有明显拼凑痕迹,是从很多篇文章中剪辑而来,上下文关联性弱。

2017 年,在第五届中国计算机学会(CCF)大数据与计算智能大赛中,360 搜索发布赛题《AlphaGo 之后"人机大战"Round 2——机器写作与人类写作的巅峰对决》,探究机器写作背景下的"人机大战"。在本章的实践中,以此题目为背景,利用 fastText 实现文章的人、机识别。

8.4.2 语料数据

本赛题官方备有两份数据集,分别是 1.6GB 和 2GB,一个数据集是训练集,另一个数据集是测试集。每份数据集都同时包含了机器人写手和人类撰写的文章数据。一条样例主要包括文章 ID、文章标题、文章内容和标签信息(人类写作是 POSITIVE,机器人写作是 NEGATIVE)。需要在训练集上得到模型,然后使用模型在测试集上判定一篇文章是真人写作还是机器生成。如果这篇文章是由机器人写作生成的,则标签为 NEGATIVE,否则为 POSITIVE。仅在训练集上提供了标签特征,需要在测试集上对该标签进行预测。

数据格式如下:

数据一:训练集,规模 50 万条样例(有标签答案),数据格式如表 8-1 所示。

表 8-1　训练集格式

Field	Type	Description	Note
文章 ID	String	文章 ID	
文章标题	String	文章的标题,字数在 100 字之内	已脱敏。去掉了换行符号
文章内容	String	文章的内容	已脱敏。文章内容是一个长字符串,去掉了换行符号
标签答案	String	人类写作是 POSI-TIVE,机器人写作是 NEGATIVE	机器人写手和人类撰写的文章,参赛者训练数据,可以选择本集合的全量数据,也可以选择部分数据。但是参赛者不能自行寻找额外的数据加入训练集

数据二:测试集 A,规模 10 万条样例(无标签答案),数据格式如表 8-2 所示。

表 8-2　测试集 A 数据格式

Field	Type	Description	Note
文章 ID	String	文章 ID	
文章标题	String	文章的标题,字数在 100 字之内	已脱敏。去掉了换行符号
文章内容	String	文章的内容	已脱敏。文章内容是一个长字符串,去掉了换行符号

数据三：测试集 B，规模 30 万条样例（无标签答案），数据格式如表 8-3
所示。

表 8-3　测试集 B 数据格式

Field	Type	Description	Note
文章 ID	String	文章 ID	
文章标题	String	文章的标题，字数在 100 字之内	已脱敏。去掉了换行符号
文章内容	String	文章的内容	已脱敏。文章内容是一个长字符串，去掉了换行符号

8.4.3　数据预处理

数据预处理是很关键的步骤，各种产品或项目在面临原始数据的时候，都需要精心做预处理，方可投入继续使用，在本章，针对 360 搜索提出的文本处理识别问题。

1. 分词

采用 jieba 对训练集和测试集文字进行分词，并且把它转化为 fastText 兼容的格式。

示例如下：

```
# encoding= utf- 8
import jieba
seg_list = jieba.cut("360文本识别的竞赛很费时间",cut_all= True)
print "Full Mode:", "/ ".join(seg_list) # 全模式
seg_list = jieba.cut("沉迷逛人工智能算法",cut_all= False)
print "Default Mode:", "/ ".join(seg_list) # 精确模式
seg_list = jieba.cut("测试集好大啊,跑一次要好久")
# 默认是精确模式 print ", ".join(seg_list)
seg_list = jieba.cut_for_search("这篇博客是在2018年1月1日写的,各位看官觉得有用的话,可以评论点赞")
# 搜索引擎模式
print ", ".join(seg_list)
```

需注意：

（1）代码开头写上编码方式，包括后面的 fastText 编码。

（2）jieba. cut 返回一个 list，所以在做字符串拼接的时候要把 list 转成

string,常用的就是" ".join( )。

2. 符号处理

一些文字,例如"的""了"等在某个地方有特殊含义,例如"的确""了解",但是在大部分的情况下对文章的语义没有特别的影响。例如"今天早上喝了牛奶"与"今天早上喝牛奶"没有太大的区别。这个过程,一般称为停用词处理。

```python
def  go_split(s,min_len):
    #  拼接正则表达式
    symbol = ',；。!、?！'
    symbol = "[" + symbol + "]+ "
    #  一次性分割字符串
    result =  re.split(symbol, s)
    return [x for x in result if len(x)> min_len]

def  is_dup(s,min_len):
    result =  go_split(s,min_len)
    return len(result) ! = len(set(result))

def  is_neg_symbol(uchar):
    neg_symbol= ['! ', '0', ';', '? ', '、', '。 ', ',']
    return uchar in neg_symbol
```

在经过分词并去除停用词后,转换为 fastText 兼容的格式。

```python
# encoding= utf- 8
import jieba
import sys
reload(sys)
sys.setdefaultencoding('utf8')
i =  0
count= 0
f =  open("train.tsv", 'r')
# f =  open("evaluation_public.tsv", 'r')
outf =  open("lab3fenci.csv",'w')
# outf =  open("lab3fencitest.csv",'w')

for line in f:
    r =  ""
```

```
try:
    r = line.decode("UTF- 8")
except:
    print "charactor code error UTF- 8"
    pass
if r = = "":
    try:
        r = line.decode("GBK")
    except:
        print "charactor code error GBK"
        pass
line= line.strip()
l_ar= line.split("\t")
if len(l_ar)! = 4:
    continue
id= l_ar[0]
title= l_ar[1]
content= l_ar[2]
lable= l_ar[3]

seg_title= jieba.cut(title.replace("\t"," ").replace("\n"," "))
seg_content= jieba.cut(content.replace("\t"," ").replace("\n"," "))
# r= " ".join(seg_title)+ " "+ " ".join(seg_content)+ "\n"
outline = " ".join(seg_title)+ "\t"+ " ".join(seg_content)
outline = "\t__label__" + lable + outline+ "\t"
outf.write(outline)

if i% 2500 = = 0:
    count= count+ 1
    sys.stdout.flush()
    sys.stdout.write("# ")
i= i+ 1


f .close()
outf.close()
print "\nWord segmentation complete."
print i
```

这里面要注意的是 list 和 string 的转换，以及在 cut 过程中对空格和换行的处理。分词后文件为 1.9GB,同样对测试集也做相同的处理。

8.4.4　模型训练

采用如下方式安装 fastText：

pip install fasttext；

fastText 的模型架构类似于 CBOW，两种模型都是基于 Hierarchical Softmax，都是三层架构：输入层、隐藏层、输出层。CBOW 模型又基于 N-gram 模型和 BOW 模型，此模型将 W(t−N+1)…W(t−1)作为输入，去预测 W(t)。fastText 的模型则是将整个文本作为特征去预测文本的类别。

先学习词向量模型：

```
import fasttext

#  Skipgram model
model =  fasttext.skipgram('data.txt', 'model')
print model.words #  list of words in dictionary


#  CBOW model
model =  fasttext.cbow('data.txt', 'model')
print model.words #  list of words in dictionary
```

再做文本分类：

```
classifier =  fasttext.supervised('data.train.txt', 'model')
```

data. train. txt 是一种含有训练句子，且每行加上标签的文本文件。默认情况下，假设标签的话，前缀字符串____ label ____。

这将输出文件：model. bin 和 model. vec。

精度评估：

```
result =  classifier.test('test.txt')
print 'P@ 1:', result.precision
print 'R@ 1:', result.recall
print 'Number of examples:', result.nexamples
```

作为文本分类的结果，通过查看其概率最大的分类标签：

```
texts =  ['example very long text 1', 'example very longtext 2']
labels =  classifier.predict(texts)
print labels
```

```
#  Or with the probability
labels =  classifier.predict_proba(texts)
print labels
```

以下是调试模型常用的 API：

```
input_file              training file path (required)
output                  output file path (required)
lr                      learning rate [0.05]
lr_update_rate change the rate of updates for the learning rate [100]
dim                     size of word vectors [100]
ws                      size of the context window [5]
epoch                   number of epochs [5]
min_count               minimal number of word occurences [5]
neg                     number of negatives sampled [5]
word_ngrams             max length of word ngram [1]
loss                    loss function {ns, hs, softmax} [ns]
bucket                  number of buckets [2000000]
minn                    min length of char ngram [3]
maxn                    max length of char ngram [6]
thread                  number of threads [12]
t                       sampling threshold [0.0001]
silent                  disable the log output from the C+ +  extension [1]
encoding                specify input_file encoding [utf- 8]
```

举例：

```
model =  fasttext.skipgram('train.txt', 'model', lr= 0.1, dim= 300)
```

解释：lr 是学习速率，dim 是词向量的大小，调节不同的参数使得模型更加精确。

8.4.5　调试分析

创建一个简单的模型：

```
classifier =  fasttext.supervised("lab3fenci.csv","lab3fenci.model",
                label_prefix= "__label__")
```

对模型进行测试，观察其精度：

```
result =  classifier.test("lab3fenci.csv")
```

```
print result.precisionprint
result.recall
```

利用一段文本来预测：

texts = ['它被誉为"天下第一果",补益气血,养阴生津,现在吃正应季！六七月是桃子大量上市的季节,因其色泽红润,肉质鲜美,有个在实验基地里接受治疗的妹子。广受大众的喜爱。但也许你并不知道,看惯了好莱坞大片眼花缭乱的特效和场景。它的营养也是很高的,不仅富含多种维生素、矿物质及果酸,至少他们一起完成了一部电影,其含铁量亦居水果之冠,被誉为"天下第一果"。1、在来世那个平行世界的自己。增加食欲,养阴生津的作用,可用于大病之后,气血亏虚,面黄肌瘦,Will 在海滩上救下了Isla 差点溺水的儿子。心悸气短者。2、最近有一部叫作《爱有来世》的科幻电影。桃的含铁量较高,就越容易发现事情的真相。是缺铁性贫血病人的理想辅助食物。3、桃含钾多,含钠少,适合水肿病人食用。4、桃仁有活血化淤,润肠通作用,可用于闭经、跌打损伤等辅助治疗。胃肠功能弱者不宜吃桃、桃仁提取物有抗凝血作用,而 Will 也好像陷入魔怔一般。并能抑制咳嗽中枢而止咳,扩展"科学来自于人性"的概念。同时能使血压下降,片中融合了很多哲学、宗教的玄妙概念,可用于高血压病人的辅助治疗。6、桃花有消肿、利尿之效,可用于治疗浮肿腹 s 水,大便干结,小便不利和脚气足肿。一段美好的故事才就此开始。桃子性热,味甘酸,具有补心、解渴、不过都十分注重内核的表达,充饥、生津的功效,父亲没有继续在房间埋头工作。']

```
labels =  classifier.predict(li)
print labels
```

可以看到输出的结果是 positive,可以发现是错误的预测（正确的预测应该是 negative）,这个时候需要训练模型,来达到预期的结果。在训练的过程中,观察 result. precision 和 result. recall 的值变化。

继续训练：

```
classifier =  fasttext.supervised("lab3fenci.csv","lab3fenci.model",
label_prefix= "__label__",lr= 0.1,epoch= 100,dim= 200,bucket= 5000000)
result =  classifier.test("lab3fenci.csv")
print result.precision
print result.recall
```

注：为了方便起见,可以在上面代码套上 for 循环,观察 result. precision 和 result. recall 的值变化。

目前训练出来的模型文件大小是 2GB,用 CPU i7 3.3GHZ＋16GB 内存的 PC 机器,运行了约 3 小时得到结果。

一般情况下磁盘的占用是很低的,偶尔会出现占用 100％的情况,如果磁盘占用一直是 100％,要考虑内存是否泄露,例如文本预处理阶段忘记加换行符,fastText 会认为整个文件都是一大段的文本,那么 16GB 的内存是根本不够存储的,磁盘会参与内存交换,导致占用 100％。

训练完成之后可以直接加载模型。

```
classifier = fasttext.load_model('lab3fenci.model.bin', label_prefix= '__la-
bel__')
```

至此,完成模型训练,并利用模型,可以在结果中查看文本的最大概率分类标记,以便识别出该文本是机器还是人撰写的。

8.5　小结

在使用过程中,发现 fastText 的分类效果常常不输于传统的非线性分类器,假设有两段文本:

我 来到 联想集团
俺 去了 联想电脑公司

这两段文本意思几乎一模一样,如果要分类,会分到同一个类中去。但在传统的分类器中,用来表征这两段文本的向量可能差距非常大。传统的文本分类中,需要计算出每个词的权重,比如 tfidf 值,"我"和"俺"算出的 tfidf 值相差可能会比较大,其他词类似,于是,在向量空间模型中用来表征这两段文本的文本向量差别可能比较大。

但是 fastText 不一样,它是用单词的 embedding 叠加获得的文档向量,词向量的重要特点就是向量的距离可以用来衡量单词间的语义相似程度,于是,在 fastText 模型中,这两段文本的向量应该是非常相似的,于是,它们很大概率会被分到同一个类中。

使用词 embedding 而非词本身作为特征,这是 fastText 效果好的一个原因;另一个原因就是字符级 n-gram 特征的引入对分类效果会有一些提升。

fastText 作为诞生不久的词向量训练、文本分类工具,正逐步在文本处理中得到较深入的应用。业界目前主要在以下两个领域使用它:

①同近义词挖掘。Facebook 开源的 fastText 工具也实现了词向量的训练,可以基于各种垂直领域的语料,使用其挖掘出一批同/近义词;

②文本分类系统。在类标数、数据量都比较大时,利用 fastText 来做文本分类,以实现快速训练预测、节省内存的目的。

第9章　文本摘要技术

近来,文本自动摘要技术越来越被重视,是一个被广泛关注的研究热点。人们对于用最少的时间得到尽可能多信息的需求促使了自动摘要技术的发展。针对新的文本类型进行自动摘要:学术文献、会议记录、电影剧本、学生反馈、软件代码、直播文字。在互联网上使用搜索引擎时,搜索同一主题的文档往往会返回成千上万个网页,如果将这些网页形成一个统一的、精练的、能够反映主要信息的摘要必然有重要意义。另外,对于网络上某一新闻单位针对同一事件的系列报道,或者对某一事件数家新闻单位同一时间的报道,若能从这些相关性很强的文档中提炼出一个覆盖性强、形式简洁的摘要也同样具有重要意义。文本摘要是在信息泛滥的时代非常重要的工具,可以帮助用户快速判断文章内容主旨,并以此决定是否值得细看文章内容。

文摘的目的是通过对原文本进行压缩、提炼,为用户提供简明扼要的文字描述。用户可以通过阅读简短的摘要而了解原文中所表达的主要内容,从而大幅节省阅读时间。

摘要研究的目标是建立有效的摘要方法与模型,实现高性能的自动文摘系统。近二十年来,业界提出了各类自动文摘方法与模型,用于解决各类自动摘要问题,在部分自动摘要问题的研究上取得了明显的进展,并成功将自动文摘技术应用于搜索引擎、新闻阅读等产品与服务中。

例如谷歌、百度等搜索引擎均会为每项检索结果提供一个短摘要,方便用户判断检索结果相关性。在新闻阅读软件中,为新闻事件提供摘要也能够方便用户快速了解该事件。

自动文摘的研究在图书馆领域和自然语言处理领域一直都很活跃,最早的应用需求来自于图书馆。图书馆需要为大量文献书籍生成摘要,而人工摘要的效率很低,因此亟须自动摘要方法取代人工高效地完成文献摘要任务。

随着信息检索技术的发展,摘要技术在信息检索系统中的重要性越来越大,逐渐成为研究热点之一。经过数十年的发展,同时在 DUC 与 TAC 等自动文摘国际评测的推动下,文本摘要技术已经取得长足的进步。国际上自动文摘方面比较著名的几个系统包括 ISI 的 NeATS 系统、哥伦比亚大学的 NewsBlaster 系统、密歇根大学的 NewsInEssence 系统等。

9.1　引言

1. 摘要类型

按照不同的标准可以划分为不同的类型,下面主要介绍按照摘要和原文关系进行划分:

(1)基于抽取的摘要(Extraction-based Summarization)

在这个摘要任务中,系统将抽取整个对象集合,但并不对其进行修改。例如关键字提取,其目的是选择个别单词或短语作为文档和文档摘要的标签。之后选择句子来创建一个简短的摘要。其本质是转化为一个排序问题,给每个句子打分,将高分的句子筛选出来。经典的方法为 LexRank。综合实现难易度和实现结果,目前该使用方法最为合适。

另一种思路是通过压缩句子来实现——压缩式摘要(Compressive),有部分资料也将其分为一类,这部分放在抽取式中来介绍。其做法是对句子进行压缩和抽取两种操作,经典的方法为 ILP:句子中的每个词都对应一个二值变量表示该词是否保留,并且每个词都有一个打分,目标函数就是最大化句子中的词的打分,在处理的过程中给出限制。能有效提高 ROUGE 值,但会牺牲句子可读性。

(2)基于抽象的摘要(Abstraction-based Summarization)

在这个摘要任务中,系统将试图去理解文章的内容和意思,它不仅将那些视为重要的信息进行抽取,同时抽象释义出源文档的内容。这种方法更加接近摘要的本质,但是技术难度较大,目前效果欠佳。

目前大多数自动摘要系统使用句子提取方式,从文档中提取的句子经过平滑处理被组织成为摘要的一部分。一般来说,自动摘要采用机器学习算法依据给定的特征集,训练模型,分析前人的研究发现,如何获得高质量已标注的语料训练集、提高分类器的学习能力并选取更有效的特征等成为获得高质量摘要的关键。

2. 实现基本步骤

一般来说,自动摘要过程包括以下三个基本步骤,如图 9-1 所示。

文本分析过程:对原文文本进行分析处理,识别冗余信息;

文本内容的选取和泛化:从文档中辨识重要信息,通过摘要或概括的方

法压缩文本,或者通过计算分析的方法形成文摘表示;

文摘的转化和生成:实现对原文内容的重组或者根据内部表示生成文摘,并确保文摘的连贯性。

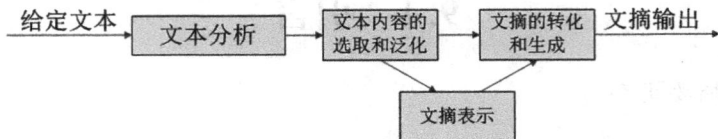

图 9-1　摘要的基本步骤

原文档中的每个句子由多个词汇或单元构成,后续处理过程中也以词汇等元素为基本单位,对所在句子给出综合评价分数。以基于句子选取的抽取式方法为例,句子的重要性得分由其组成部分的重要性衡量。由于词汇在文档中的出现频次可以在一定程度上反映其重要性,可以使用每个句子中出现某词的概率作为该词的得分,通过将所有包含词的概率求和得到句子得分。

也有一些工作,考虑更多细节,利用扩展性较强的贝叶斯话题模型,对词汇本身的话题相关性概率进行建模。将每个句子表示为向量,维数为总词表大小。通常使用加权频数作为句子向量相应维上的取值。加权频数的定义可以有多种,如信息检索中常用的 TF-IDF 权重。考虑利用隐语义分析或其他矩阵分解技术,得到低维隐含语义表示并加以利用。向量表示后计算两两之间的某种相似度(例如余弦相似度)。随后根据计算出的相似度构建带权图,图中每个节点对应每个句子,在下文中,将详细讲述此种方法计算摘要的过程。

在多文档摘要任务中,重要的句子可能和更多其他句子较为相似,所以可以用相似度作为节点之间的边权,通过迭代求解基于图的排序算法来得到句子的重要性得分。还有很多工作尝试捕捉每个句子中所描述的概念,例如句子中所包含的命名实体或动词。

出于简化考虑,现有工作中更多将二元词作为概念。近期则有工作提出利用频繁图挖掘算法从文档集中挖掘得到深层依存子结构作为语义表示单元。

另一方面,很多摘要任务已经具备一定数量的公开数据集,可用于训练有监督打分模型。

例如对于抽取式摘要,可以将人工撰写的摘要匹配原文档中的句子或概念,从而得到不同单元是否应当被选作摘要句的数据。然后对各单元人工抽取若干特征,利用回归模型或排序学习模型进行有效监督学习,得到句子或概念对应的得分。

文档内容描述具有结构性,因此也有利用隐马尔科夫模型、条件随机场、结构化支持向量机等常见序列标注或一般结构预测模型进行抽取式摘要有监督训练的工作。

所提取的特征包括所在位置、包含词汇、与邻句的相似度等。对特定摘要任务一般也会引入与具体设定相关的特征,如查询相关摘要任务中需要考虑与查询的匹配或相似程度。

3. 摘要评测方法

评测的方法可分为两类:

①内部评价方法(Intrinsic Methods):在提供参考摘要的前提下,以参考摘要为基准评价系统摘要的质量。通常情况下,系统摘要与参考摘要越吻合,其质量越高。

②外部评价方法(Extrinsic Methods):不需要提供参考摘要,利用文档摘要代替原文档执行某个文档相关的应用。例如:文档检索、文档聚类、文档分类等,能够提高应用性能的摘要被认为是质量好的摘要。

其中内部评价方法,比较直接的,被学术界认为最常使用的文摘评价方法,它将系统生成的自动摘要与专家摘要采用一定的方法进行比较,也是目前最为常见的文摘评价模式。

下面介绍两个比较简单,也是在自动摘要评价以及自动文档摘要的相关国际评测中经常会被用到的两个内部评价方法:Edmundson 和 ROUGE。

(1)Edmundson 评价

Edmundson 评价方法比较简单,可以客观评估,就是通过比较机械文摘(自动文摘系统得到的文摘)与目标文摘的句子重合率的高低来对系统摘要进行评价。也可以主观评估,就是由专家比较机械文摘与目标文摘所含的信息,然后给机械文摘一个等级评分。比如等级可以分为:完全不相似,基本相似,很相似,完全相似等。

Edmundson 比较的基本单位是句子,通过句子级标点符号分隔开的文本单元,句子级标点符号包括"。"":"";""!""?",并且只允许专家从原文中抽取句子,而不允许专家根据自己对原文的理解重新生成句子,专家文摘和机械文摘的句子都按照在原文中出现的先后顺序给出。

计算公式:

$$P_{重合率} = 匹配句子数/专家文摘句子数 \times 100\%$$

每一个机械文摘的重合率为按三个专家给出的文摘得到的重合率的平均值:

$$平均重合率 = \sum_{i=1}^{n} p_i / n \times 100\%$$

即对所有专家的重合率取一个均值,p_i 为相对于第 i 个专家的重合率,n 为专家的数目。

(2)ROUGE 准则

ROUGE 是由 ISI 的 Lin 和 Hovy 提出的一种自动摘要评价方法,现被广泛应用于 DUC1(Document Understanding Conference)的摘要评测任务中。

ROUGE 基于摘要中 n 元词(n-gram)的共现信息来评价摘要[16],是一种面向 n 元词召回率的评价方法。ROUGE 准则由一系列的评价方法组成,包括 ROUGE-1,ROUGE-2,ROUGE-3,ROUGE-4,以及 ROUGE-Skipped-N-gram 等,1、2、3、4 分别代表基于 1 元词到 4 元词以及跳跃的 N-gram 模型。在自动文摘相关研究中,一般根据自己的具体研究内容选择合适的 N 元语法 ROUGE 方法。

计算公式:

$$ROUGE - N = \frac{\sum_{s \in \{RefSummaries\}} \sum_{n-gram \in S} Count_{match}(n-gram)}{\sum_{s \in \{RefSummaries\}} \sum_{n-gram \in S} Count(n-gram)} \tag{9-1}$$

其中,n-gram 表示 n 元词,{Ref Summaries} 表示参考摘要,即事先获得的标准摘要,$Count_{match}(n\text{-}gram)$ 表示系统摘要和参考摘要中同时出现 n-gram 的个数,$Count(n\text{-}gram)$ 则表示参考摘要中出现的 n-gram 个数。

不难看出,ROUGE 公式是由召回率的计算公式演变而来的,分子可以看作"检出的相关文档数目",即系统生成摘要与标准摘要相匹配的 N-gram 个数,分母可以看作"相关文档数目",即标准摘要中所有的 N-gram 个数。

在本章中,介绍两种文本摘要的技术,一种是传统的基于句子的和规则图的方式,另一种是基于深度学习词嵌入的方式。

9.2 基于句子评分的文本摘要技术

我们尝试用两种方法从数据集中自动产生摘要。一是对文档集中的句子进行重要性评分,但并不是仅仅依照最高值评分选取句子,而是通过 Stack Decoder 算法进行综合评估。二是基于规则图的方式,产生摘要的任务被转换为在句子非相似性图中查找小范围集合的问题。图中的一个子集合由一系列有强链接关系的顶点组成,从众多的顶点中,选择子集合顶点,并结合第一步的重要性评分来产生最终的摘要内容。

9.2.1　相似度与重要性评分

本节主要介绍了算法中用到的相似度评分以及表示文档特征的特征项。

1. 基于 WordNet 的语义相似度评分

在计算句子间的相似度时,使用基于 Lesk 算法的语义相似度评价方法。该算法由 Michael E. Lesk[17] 于 1986 年提出,是一个基于词典的词义消歧方法。该算法认为:一个词在词典中的词义解释与该词所在句子具有相似性,这种相似性可以由相同单词的个数来表示,只需计算多义词中各个词语在词典中的定义与多义词上下文词语定义之间的词汇重叠度,选择重叠度最大的词义作为其正确的词义即可。算法过程如下:

第一步:去除停用词,句子切分;

第二步:POS 标记;

第三步:词干处理;

第四步:用 Lesk 词义消歧方法查找合适的单词;

第五步:基于单词相似度计算句子相似度。

一旦得到每个单词合适的词义,则利用 WordNet 的路径长度相似度确定同义词集合(Synset)中的语义相似度。路径代价值越小,表示语义相似度越高。路径长度相似度的计算方法如下:

$$Sim(synset_1, synset_2) = 1/Distance(synset_1, synset_2) \tag{9-2}$$

给出两个句子,会预先计算出在不同位置上的单词词义的语义相似度,得到相似关系矩阵$[X_m, Y_n]$,m,n分别代表句子 X 和 Y 的长度。句子间的语义相似度被表示为二分图的最大匹配权重,得到图中不相交的节点集,第一个集合取自第一个句子,第二个集合取自另外一个句子。基于得到的二分图利用 Hungarian 算法计算全局最小值的最佳匹配。匹配成对的结果表示两个句子的单一相似度值。为得到文档集合中综合相似度,采用如下的计算方法。

(1)平均处理$\dfrac{2 \times \text{Match}(X,Y)}{|X| + |Y|}$,其中 $\text{Match}(X,Y)$ 表示句子 X 和 Y 在二分图中匹配的单词。

(2)根据 Dice 系数$\dfrac{2 \times |X \cap Y|}{|X| + |Y|}$,求取集合相似度度量函数,返回匹配单词的数量在总单词数量中的比例。

以上即得到句子对(X,Y)最终的语义相似度分值。

利用 WordNet 得到句子中各种单词的语义分值,方法主要考虑同义词集合的扩展,进而得到句子的相似度计算公式如下:

$$sim(s_1,s_2) = \frac{1}{2} \times \Big(\sum_{w_i \in s_1} \arg \max_{w \in s_2} maxSenScore(w_i,w)$$

$$+ \sum_{w_j \in s_2} \arg \max_{w \in s_1} maxSenScore(w_j,w) \Big) \qquad (9\text{-}3)$$

2. 句子的重要性评分

每个句子都有一个重要性评分值,它是一种衡量句子作用的好措施。评分值可以用来对句子排序,挑选最重要的句子。句子被选择出现在摘要中的概率是同它的评分值成比例的,每个句子由一系列的特征表示,评分值则是各个特征的加权权重之和。

在文中使用到了如下的特征:

(1)TF-IDF 之和(TF-IDF Sum):句子的重要性往往由组成的单词决定,这个特征为句子中所有单词的 TF-IDF 分值之和构成。

(2)句子长度(Sentence Length):句子中单词的数量。句子越长,更有可能容纳更多的信息量。

(3)命名实体数量(Named Entities Count):有命名实体的句子更具有意义,预示着有实体在发挥作用。通过 Stanford NER 类库识别命名实体,把句子中的实体数量作为此特征项。

(4)前 k 个重要词(Top-k Important Words):前面的 TF-IDF 之和特征会导致倾向选择长句即使其包含了较多无价值的单词。为防止出现这种结果,引入本特征,先把句子中单词按 tf-idf 排序,特征取值为前 k 个单词的个数。

(5)句子位置(Sentence Position):文档往往会在第一段表示核心意思,在最后一段总结全文。因此句子位置被考虑为重要性与否的特征项。

(6)数字个数(Numerical Literals Count):句子中出现的数字通常意味着某一种的确定属性,如交通事故中的伤亡人数、历年的统计信息等。把句子中所有出现的数字的个数作为本特征。

(7)大写单词个数(Upper Case Letters Count):大写的单词通常表示实体,是事件中的主角,出现的个数设定为特征项。

得到的特征向量应用在训练集中,采用逻辑回归分类法计算特征权重值,然后在测试集中计算句子的重要性评分。

3. 归一化处理

在前面专门介绍文本特征的章节中,在文中我们实验了各种归一化方法。计算特征值,基于句子长度和其他项对特征做归一化。但是并没有取得更好的效果,因为在执行除法的时候丢失了诸多信息,比如,较长的句子包含相对重要或者多的信息,但是因为长度值作为分母,导致降低了特征项值,同样,短句子则可能因为同样的方法反而提升了特征性值。

因此,需要采用另外一种更合理的折中方案,对句子长度等各特征项加权,使其结果既能反映长度的重要性,又不至于因为长度原因丢失特征项权重值。数学中有两种函数具有良好的收敛性和稳定性,它们分别是非线性函数 $f(n)=\dfrac{n}{1+n}$ 和 Sigmoid 函数。

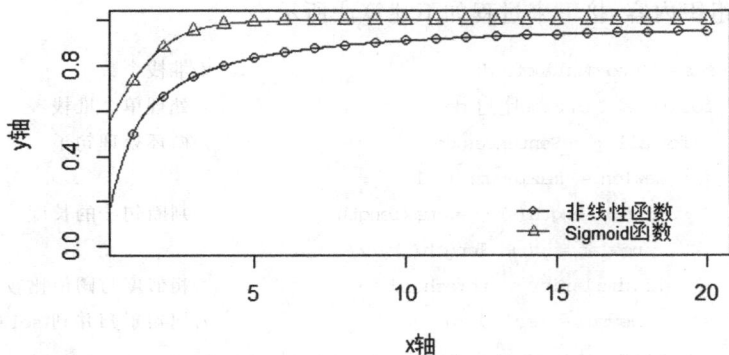

图 9-2　Sigmoid 函数与非线性函数曲线图

从图 9-2 可以看出,随着 n 增大,两个函数都收敛于 1。其中 Sigmoid 函数在 x 轴坐标大于 6 之后的收敛速度更快,稳定性更强,因此,采用 Sigmoid 函数作为归一化的参考方法。特征项的归一化方法如下:

$$T=\frac{1-e^{-\alpha}}{1+e^{\alpha}}, \text{ where } \alpha=\frac{t(s)-\mu}{\sigma} \tag{9-4}$$

相对于非归一化和句子长度归一化方法,此方法在实验中是有效的。

9.2.2　详细算法

综合运用两种提取文档摘要的方法。

1. 基于 Stack Decoder 的方法

基于文档的内容,用 Stack Decoder 方法[18]寻找具有最优综合分值的摘要内容。摘要的综合重要性评分值等于其中所有句子评分值之和。

$$imp(summary) = \sum_{s \in sentences} imp(sentence) \tag{9-5}$$

把文档集中的所有句子及其对应的重要性评分作为输入,此方法中给解码器设置 maxlength+1 个堆栈,每种长度的句子对应一个解码器,共有 maxlength 个,另外一个解码器对应于汇总的摘要,它比前面的各种长度的句子的最大 maxlength 都大。每个堆栈均保留其对应长度的最优摘要。我们使用优先队列处理堆栈逻辑,因此队列的长度是有限的,执行过程中,通过判断某一特定的堆栈,只要其有空余,即可加入新的一组文档集,因为采用了 sigmoid 算法,为了避免每个堆栈中集合指数式增长,需要维护设定堆栈的大小。

初始,所有的句子被放在其对应长度的队列中,队列按照<score,id>的形式组织内容,接下来过程如下述算法所示。

```
for i = 0 to maxlength do                              //堆栈个数
  for all sol in Stack[i] do                           //处理单个堆栈
    for all s in Sentences do                          //循环处理句子
      newlen = maxlength + 1
      if i + length(s) <= maxlength                    //判断句子的长度
        newlen = i + length(s)  //
      if similarity < threshold                        //相似度与阈值比较
        newsol = sol ∪ {s}                             //把句子归并到 sol 中
      else
        next
      score = importance(newsol)                       //计算评分值
      Insert newsol, score into priority queue  stack[newlen]
                                                       //< score, id> 入队列
    end for
  end for
end for
return best solution in stack[maxlength]               //返回堆栈结果
```

9.2.3 基于图的方法

在"LexRank: graph-based lexical centrality as salience in text summarization"一文[19]中,作者构造了一个句子间的余弦相似度无向图,用特征向量表示图中的边,被应用在计算句子间的排序上。"Text summarization: Using centrality in the pathfinder network"的作者使用 SumGraph 结构[20],利用 Pathfinder 算法获取句子间的等级排序,计算句子顶点之间的相关性。

参考上述思路,把提取文档摘要过程表示为求解分团问题(Clique Finding Problem)。基于上一节中计算得到的相似度评分,构造了一个句子非相似性图,图中把句子当作节点,如果两个句子之间的相似度低于一个阈值,那在二者之间画一条边。边的存在,意味着句子没有足够的相似,我们需要找到一个节点子集,集合中的节点两两相连,它们表示在文档集合内容上的较低的信息冗余,对应于图中的一个团(Clique),每个团即是一个摘要内容的候选者。通过运行 clique finder 算法找到所有最大的团,计算过程中使用 Java Graph 类库。

图 G=(V,E)的构造方法如下:

$$V = \{S \mid S \in \{sentences\ to\ summarize\}\}$$
$$E = \{(U \to V) \mid sim(U,V) < threshold\}$$

(9-6)

一旦确定一个分团,则按照重要性评分对节点排序,依次添加句子形成摘要一直到集合为空。

因为求解分团问题是个 NP 完备问题,计算耗时,不容易计算出最大的顶点集合,当分团间的相似度设定为小于 0.5 时,有 250 条句子的文档集其边的数量大约为 15000,如表 9-1 所示。最坏情况下一个有 n 个顶点的图,查找最大分团的时间复杂度为 O(3n/3),对于一个高密度的图来说计算量相当大。

表 9-1　Clique Finding 问题的图节点统计

Graph	Components	Number
Original	Vertices	250
	Edges	15000
Reduced	Vertices	60
	Edges	1400

为此在实际执行过程中,使用了句子的子集,同样为了防止运行时间的指数性增长,缩减了图的密度,利用取文档集中的 60 个句子进行计算。从表中可见,边的数量大幅度减少。

9.2.4　实例分析

1.数据集

实验中,使用的数据集是 DUC 2004 中的 Task2 语料库[21]。在 DUC 2004 的多文档摘要提取子任务中,参赛者要对 50 篇文档的文档集提取摘要,其中每 10 篇文档为一个主题子类,要求给每个子类产生大约 100 个单词的摘要。

2. 相似度评分

先对词汇进行词干处理,包含停用词多的句子的重要性评分往往较低,为了消除频繁出现的特征项的干扰,还需要移除停用词。其他诸如 NER 和前 k 位单词等特征项的使用使得带有一般单词的长句并不会抑制带有重要单词的短句被视为候选摘要。

我们选择了简单余弦相似度、tf-idf 距离和 WordNet 相似度作为候选度量尺度。余弦和 tf-idf 方法性能相近,初始时 WordNet 的性能并没有期望的高,但经过归一化处理得到了提升。

例如,基于 WordNet 计算如下 DUC2004 语料库中的两个句子的相似度:

"*Christian conservatives argue that hate crime laws restrict freedom of speech, while gay rights activists and others say these laws send a message that attacks on minorities will not be tolerated.*"

和

"*But when he stopped, he found the burned, battered and nearly lifeless body of Matthew Shepard, an openly gay college student who had been tied to the fence 18 hours earlier.*"

二者的相似度为 0.68,而在非词干化处理的情况下以余弦方法计算相似度为 0.08,词干处理时候为 0.28。这显示了词干处理的优点,尤其当单词差异较大而在同义词集中具有相似模式时用 WordNet 方法的有效性。

3. 特 征

测试集中的文档均是关于某一类事件内容的,多数情况下摘要单词仅会在文档题目中有所涉及,这就导致了这些重要单词的 tf-idf 趋向于零,为避免这种情况,对词频采用 log 计算。

采用 *sigmoid* 函数对特征项归一化处理并应用在计算句子的重要性评分中。但是其会导致两个较短的句子比一条长句子有更高评分的情况发生。这是因为 *sigmoid* 函数取值在 [0,1] 范围内,因此句子间的差别变小,因此又在其基础上叠加采用线性函数计算句子的重要性评分值。

4. 结果及分析

在数据集 DUC2004 上进行了实验,使用了上述提到的各种相似性措施、重要性评分和归一化方法生成文档摘要,利用评测方法 ROUGE 评测产生的摘要。

表 9-2　每种方法生成摘要所消耗的时间对比

Method	Time(s)
Stack decoder	2.12s
Graph decoder	6.78s

处理高密度图时间复杂度过高,在实验中选取每个主题的 60 条句子,建立了句子的非相似性图。两种方法生成摘要的时间对比如表 9-2 所示。

表 9-3　Stack Decoder 方法下采用不同归一化措施产生摘要的 ROUGE 评测值

Normalization	Similarity	ROUGE-2(95% cinf-interval)
No norm	tf-idf	0.0403 (0.03821 — 0.04263)
	cosine	0.04152 (0.03825 — 0.04499)
Length norm	tf-idf	0.04053 (0.03743 — 0.04361)
	cosine	0.04382 (0.03991 — 0.04797)
Sigmoid norm	tf-idf	0.05359 (0.04924 — 0.05828)
	cosine	0.05205 (0.04776 — 0.05668)

表 9-3 显示了在各种归一化方案下基于 Stack Decoder 方法生成摘要的 ROUGE 的评测值。归一化方法包括:长度值归一和 Sigmoid 归一。相似度评价方法是 tf-idf 和余弦方法。从表中看出,Sigmoid 归一化相比较来说具有更好的性能,更能体现文档集合中各项重点信息。

表 9-4　利用两种方法产生摘要的 ROUGE 评分

Mechanism	ROUGE-2(95% cinf-interval)
Stack	0.05205 (0.04776 — 0.05668)
Graph	0.05150 (0.04815 — 0.05506)
Stack *	0.0697 (0.06512 — 0.0732)

* 手动设置参数。

表 9-4 显示了两种方法的最终对比,看出 Stack Decoder 方法和基于图的方法性能比较接近。良好的相似度评价尺度和优质的训练集估计参数会帮助提升评分。上述表中的最后一行表示在 Stack Decoder 下通过手动设置参数得到的计算 ROUGE 评测值,其远高于另外二者,显示了参数估计方法仍有较大提升的空间。在实施基于图的计算时,发现相对于构建句子相似性图,构建句子的非相似性图效果更好,我们认为其原因是前者会产生过长的文档句子节点关系链。

9.3　基于 Word Embedding 构造文本摘要

本节介绍使用 WordEmbedding 来构造文本摘要的一些思路,其中包括一种异常简单的文本摘要实现思路,实验效果证明这种方法虽然简单,可能比传统的 TFIDF 方法还要简单,但是效果与比较复杂的方法是相当的。

这里介绍其中两种方法,一种是非常简单的根据字 Word Embedding 直接叠加方式做摘要系统,另外一种是对 HITS 经过 Word Embedding 改造的文本摘要思路。

9.3.1　基于 Word Embedding 叠加的简洁文本摘要

首先,使用 Word2Vec 等工具获得汉字的 Word Embedding。然后对于某个文档进行分句,对于每个句子使用单字的 Word Embedding 直接累加获得句子的 Word Embedding 表示。

然后,把每个句子的 Word Embedding 直接累加获得整个文档的 Word Embedding。如图 9-3 所示,这样文档和句子都以 Word Embedding 的低维度向量来表示,这个向量分别代表了文档和句子的语义信息。

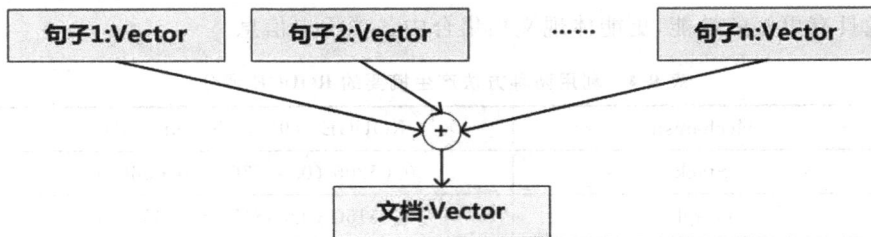

图 9-3　根据句子 word Embedding 获得文档 Word Embedding

接着,开始摘要句子抽取过程,其基本思路是简单的:哪些句子在语义上与文档整体语义更相似,那么就选哪些句子作为摘要句,如图 9-4 所示。

直接用每个句子的语义向量和文档整体语义向量来通过 Cosine 距离计算两者之间的距离,分值越大,说明这个句子在语义上越和文档整体语义越匹配,那么就越有代表性。当每个句子都算出和文档整体语义的语义相似性得分后,根据得分由高到低排序,并按需要输出一定数量的句子作为文档的摘要。

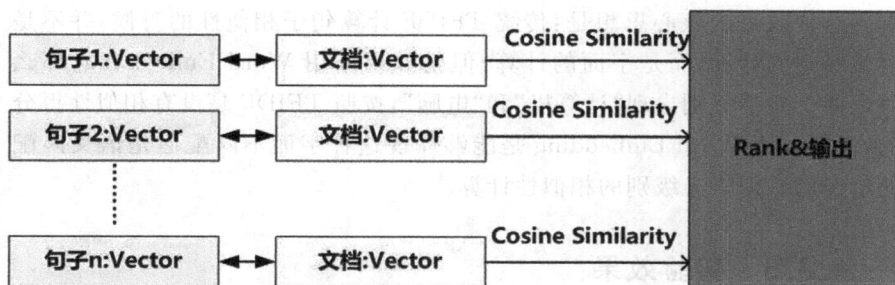

图 9-4　摘要计算流程

9.3.2　利用 HITS 用 Word Embedding 进行改造的摘要系统

　　HITS 是目前做摘要的所有方法里面,除了监督学习方法外,比较有代表性的主流成果的方法[22]。其思路是把句子之间的关系转换为图结构,然后在图结构上使用 PageRank 或者 HITS 等图挖掘算法,然后通过迭代运算找到权重最高的句子,并按照权重高低输出句子作为摘要。

　　图 9-5 是把一篇包含 5 个句子的文档转换为图结构的示意图。每个句子是图中的一个节点,节点之间的边代表句子之间的语义相似性,用权值大小来表示,传统的方法是采用两个句子的 TFIDF 相似性来计算相似度,构造好图结构后,按照 HITS 算法思路迭代计算,最后每个节点会有最后的得分,按照得分高低输出句子即可。

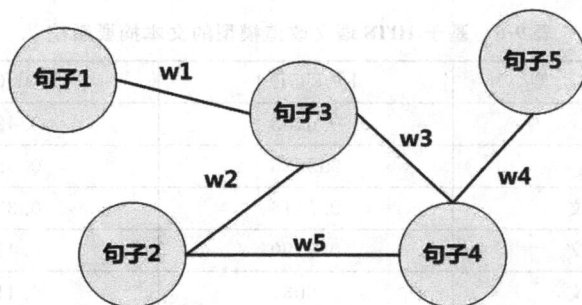

图 9-5　句子图

　　对 HITS 的改造体现在如何计算两个句子节点形成的边上,传统方法是采用 TFIDF 方法,在这里,考虑用两个句子的 Word Embedding 计算两个句子的相似性,即同样用字的 Word Embedding 叠加形成句子的 Word Embedding,然后通过 Cosine 距离来作为边的权值。改进思路也比较简单。这种改进的核心思想是：传统 TFIDF 计算句子相似性的时候，并不是语义级别的计算，而是字面的计算，但是如果采用 Word Embedding，那么假设两个句子分别出现"计算机"和"电脑"，按照 TFIDF 是没有相似性得分的，但是按照 Word Embedding 是能够体现这种字面不匹配但是语义匹配的情况的。即语义级别的相似性计算。

9.3.3　实验效果

使用的测试数据是哈工大的中文文本摘要数据集，根据这个数据集合，分别针对上文提出的基于字 Word Embedding 叠加的方式构造的文本摘要系统以及针对 HITS 提出的改进模型做了实验，实验结果如表 9-5、表 9-6 所示。

表 9-5　基于字向量叠加的文本摘要系统

测试语料类型	ROUGE-1	ROUGE-2
863	0.628889	0.401974
奥运	0.575923	0.388593
记叙文	0.563317	0.389237
说明文	0.613289	0.411838
议论文	0.583429	0.394952
应用文	0.568340	0.379342
平均	0.589232	0.394370

表 9-6　基于 HITS 语义改造模型的文本摘要系统

测试语料类型	ROUGE-1	ROUGE-2
863	0.6433	0.4251
奥运	0.5686	0.3866
记叙文	0.5416	0.3546
说明文	0.6190	0.4171
议论文	0.6031	0.4190
应用文	0.6122	0.4299
平均	0.5980	0.4054

由此可见，尽管字向量叠加的文本摘要方式实现思路非常简单，但是与目前较好的 HITS 类方法比效果也还是不错的。对于 HITS 来说，经过语义改造的方法与 TFIDF 计算边的方法相比，效果并没有明显提升，效果基本相当。

　　我们与现有发表论文中使用了同一测试集合的文摘工作进行了对比，具体而言，参考的是谢浩在论文《基于段落—句子互增强的自动文摘算法》中的实验数据，在论文中，提到了使用 LexRank 这一目前标准对比方法以及谢浩提出的改进的句子—段落增强的方法。

　　其中 LexRank 实验结果如表 9-7 所示。

表 9-7　基于 LexRank 的自动文本摘要结果统计表

测试语料	评价方法/压缩率			
	ROUGE-1		ROUGE-2	
	10%	20%	10%	20%
863	0.4716	0.5648	0.3097	0.3932
奥运	0.4015	0.4957	0.2655	0.3616
记叙文	0.4620	0.5561	0.3492	0.4375
说明文	0.3534	0.4830	0.2370	0.3600
议论文	0.3303	0.4841	0.1949	0.3553
应用文	0.3853	0.5245	0.2398	0.3802
平均	0.4007	0.5180	0.2660	0.3813

　　另外一种提出改进的句子—段落增强的方法实验结果统计如表 9-8 所示。

表 9-8　基于句子—段落增强方法文本摘要结果统计表

测试语料	评价方法/压缩率			
	ROUGE-1		ROUGE-2	
	10%	20%	10%	20%
863	0.5105	0.6173	0.3480	0.4605
奥运	0.4494	0.5308	0.3251	0.3978
记叙文	0.5020	0.5534	0.3896	0.4292
说明文	0.4015	0.5232	0.2825	0.4083
议论文	0.2726	0.4141	0.1683	0.3058
应用文	0.4155	0.5477	0.2797	0.4168
平均	0.4253	0.5311	0.2989	0.4031

　　从对比实验可以看出，虽然这种实现起来非常简单的文本摘要系统思路简洁，但是在效果方面比起目前 State-of-art 的实现相对较复杂的 LexRank 或者 HITS 类思路来说，效果基本相当，但是因为其实现方法简

单,甚至比最简单的传统的 TF-IDF 类摘要实现起来还要方便,所以是一种非常具备实用价值的文本摘要工具。

9.4 小结

在本章中先设计了句子重要性评分的策略,综合应用了 TF-IDF、句子长度、命名实体数量、句子位置、大写字母以及数字等多个特征,并采用 Sigmoid 归一化处理,基于 Stack Decoder 方法利用堆栈计算相似性评分,构造句子非相似性图,图中把句子当作节点,节点间的相似度小于阈值则存在边,通过寻找一个节点子集,使得集合中的节点两两相连,子集视为一个团,表示摘要内容的候选者,再利用 Clique Finder 算法求解最大分团得到摘要。然后介绍了基于深度学习的 Word Embedding 技术构造文本摘要的方法,此方法过程也较为简单,但效果不错。

在文本摘要过程中,也面临着诸多问题,在单文档摘要系统中,一般都采取基于抽取的方法。而对于多文档而言,由于在同一主题中不同文档中不可避免的存在信息交叠和信息差异,因此,如何避免信息冗余,同时反映出来不同文档的信息差异是多文档摘要中的首要目标。另外,单文档的输出句子一般都按照句子所在原文中出现的顺序排序,而在多文档摘要中,大都采用时间顺序排列句子,如何准确地得到每个句子的时间信息,也是多文档摘要中需要解决的一个重要问题。

总之,无论采取什么方法,都需要面临三个关键问题:一是文档冗余信息的识别和处理;二是重要信息的辨别;三是生成文摘的连贯性。在这三个问题上常见的处理方法总结如下:

冗余识别的解决办法,一种是聚类方法,测量所有句子对之间的相似度,然后用聚类方法识别公共信息的主题;另一种方法是采用候选法,将系统首先测量候选文段与已选文段之间的相似度,仅当候选段有足够的新信息时才将其入选,如最大边缘相关法 MMR (Maximal Marginal Relevance)。

辨识重要信息常用方法有抽取法和信息融合法。抽取法的基本思路是选出每个聚类中有代表性的一部分(一般为句子),默认这些代表性的部分(句子)可以表达这个聚类中的主要信息。信息融合的目的是要生成一个简洁、通顺并能反映这些句子(主题)之间共同信息的句子。为达到这个目标要识别出对所有入选的主题句都共有的短语,然后将之合并起来。

为了确保摘要句子的一致性和连贯性,需要排列这些句子的先后顺序。目前采用的句子排序方法通常有两种:一种是时间排序法,另一种是扩张排序算法。

第10章 文本主题建模

10.1 引言

在自然语言处理领域,处理海量的文本文件最关键的是要把用户最关心的问题提取出来。而无论是对于长文本还是短文本,往往可以通过几个关键词窥探整个文本的主题思想。与此同时,不管是基于文本的推荐还是基于文本的搜索,对于文本关键词的依赖也很大,关键词提取的准确程度直接关系到推荐系统或者搜索系统的最终效果。因此,关键词提取在文本挖掘领域是一个很重要的部分,不同的关键词在表示上往往具有语义相近性,所以一般也称为主题提取。

关于文本的关键词提取方法分为有监督、半监督和无监督三种。

1.有监督的关键词抽取算法

它把关键词抽取算法看作是二分类问题,判断文档中的词或者短语是或者不是关键词。既然是分类问题,就需要提供已经标注好的训练语料,利用训练语料训练关键词提取模型,根据模型对需要抽取关键词的文档进行关键词抽取。

2.半监督的关键词提取算法

只需要少量的训练数据,利用这些训练数据构建关键词抽取模型,然后使用模型对新的文本进行关键词提取,对于这些关键词进行人工过滤,将过滤得到的关键词加入训练集,重新训练模型。

3.无监督的关键词提取算法

不需要人工标注的语料,利用某些方法发现文本中比较重要的词作为关键词,进行关键词抽取。

有监督的文本关键词提取算法需要高昂的人工成本,因此现有的文本关键词提取主要采用适用性较强的无监督关键词抽取。其文本关键词抽取流程如图10-1所示。

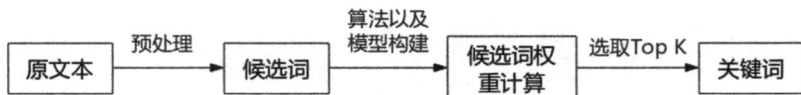

图 10-1　无监督文本关键词抽取流程图

无监督关键词抽取算法可以分为三大类,基于统计特征的关键词抽取、基于词图模型的关键词抽取和基于主题模型的关键词抽取。

10.2　基于统计特征的关键词抽取

基于统计特征的关键词抽取算法的思想是利用文档中词语的统计信息抽取文档的关键词。通常将文本经过预处理得到候选词语的集合,然后采用特征值量化的方式从候选集合中得到关键词。

10.2.1　量化指标分类

基于统计特征的关键词抽取方法的关键是采用什么样的特征值量化指标的方式,目前常用的有三类:

1.基于词权重的特征量化

基于词权重的特征量化主要包括词性、词频、逆向文档频率、相对词频、词长等。

2.基于词的文档位置的特征量化

这种特征量化方式是根据文章不同位置的句子对文档的重要性不同的假设来进行的。通常,文章的前 N 个词、后 N 个词、段首、段尾、标题、引言等位置的词具有代表性,这些词作为关键词可以表达整个的主题。

3.基于词的关联信息的特征量化

词的关联信息是指词与词、词与文档的关联程度信息,包括互信息、hits 值、贡献度、依存度、TF-IDF 值等。

10.2.2　常用的特征值量化指标

(1)词性

词性是通过分词、语法分析后得到的结果。现有的关键词中,绝大多数关键词为名词或者动名词。一般情况下,名词与其他词性相比更能表达一篇文章的主要思想。但是,词性作为特征量化的指标,一般与其他指标结合使用。

（2）词频

词频表示一个词在文本中出现的频率。一般我们认为,如果一个词在文本中出现的越是频繁,那么这个词就越有可能作为文章的核心词。词频简单地统计了词在文本中出现的次数,但是,只依靠词频所得到的关键词有很大的不确定性,对于长度比较长的文本,这个方法会有很大的噪声。

（3）位置信息

一般情况下,词出现的位置对于词来说有着很大的价值。例如,标题、摘要本身就是作者概括出的文章的中心思想,因此出现在这些地方的词具有一定的代表性,更可能成为关键词。但是,因为每个作者的习惯不同,写作方式不同,关键句子的位置也会有所不同,所以这也是一种很宽泛的得到关键词的方法,一般情况下不会单独使用。

（4）互信息

互信息是信息论中的概念,是变量之间相互依赖的度量。互信息并不局限于实值随机变量,它更加一般且决定着联合分布 $p(X,Y)$ 和分解的边缘分布的乘积 $p(X)p(Y)$ 的相似程度。互信息的计算公式如下:

$$I(X;Y) = \sum_{y \in Y} \sum_{x \in X} p(x,y) \log \frac{p(x,y)}{p(x)p(y)} \tag{10-1}$$

其中,$p(x,y)$ 是 X 和 Y 的联合概率分布函数,$p(x)$ 和 $p(y)$ 分别为 X 和 Y 的边缘概率分布函数。

当使用互信息作为关键词提取的特征量化时,应用文本的正文和标题构造 PAT 树,然后计算字符串左右的互信息。

（5）词跨度

词跨度是指一个词或者短语字文中首次出现和末次出现之间的距离,词跨度越大说明这个词对文本越重要,可以反映文本的主题。一个词的跨度计算公式如下:

$$span_i = \frac{last_i - first_i + 1}{sum} \tag{10-2}$$

其中,$last_i$ 表示词 i 在文本中最后出现的位置,$first_i$ 表示词 i 在文本中第一次出现的位置,sum 表示文本中词的总数。

词跨度被作为提取关键词的方法是因为在现实文本中总是有很多噪声,使用词跨度可以减少这些噪声。

（6）TF-IDF 值

TF-IDF 的技术细节内容在前面章节中已经作过阐述。

TF-IDF 的优点是实现简单,相对容易理解。但是,TFIDF 算法提取关键词的缺点也很明显,严重依赖语料库,需要选取质量较高且和所处理文本相符的语料库进行训练。另外,对于 IDF 来说,它本身是一种试图抑制噪声的加权,本身倾向于文本中频率小的词,这使得 TF-IDF 算法的精度不高。TF-IDF 算法还有一个缺点就是不能反映词的位置信息,在对关键词进行提取的时候,词的位置信息,例如文本的标题、文本的首句和尾句等含有较重要的信息,应该赋予较高的权重。

总之,基于统计特征的关键词提取算法通过上面的一些特征量化指标将关键词进行排序,获取 Top k 个词作为关键词。其重点在于特征量化指标的计算,不同的量化指标得到的结果也不尽相同。同时,不同的量化指标也有其各自的优缺点,在实际应用中,通常是采用不同的量化指标相结合的方式得到 Top k 个词作为关键词。

10.3　基于词图模型的关键词抽取

10.3.1　词图简介

基于词图模型的关键词抽取首先要构建文档的语言网络图,然后对语言进行网络图分析,在这个图上寻找具有重要作用的词或者短语,这些短语就是文档的关键词。语言网络图中节点基本上都是词,根据词的链接方式不同,语言网络的主要形式分为四种:共现网络图、语法网络图、语义网络图和其他网络图。

在语言网络图的构建过程中,都是以预处理过后的词作为节点,词与词之间的关系作为边。语言网络图中,边与边之间的权重一般用词之间的关联度来表示。在使用语言网络图获得关键词的时候,需要评估各个节点的重要性,然后根据重要性将节点进行排序,选取 Top k 个节点所代表的词作为关键词。节点的重要性计算方法有以下几种。

10.3.2　节点重要性计算方法

1.综合特征法

综合特征法也叫社会网络中心性分析方法,这种方法的核心思想是节点中重要性等于节点的显著性,以不破坏网络的整体性为基础。此方法就是从网络的局部属性和全局属性角度去定量分析网络结构的拓扑性质,常用的定量计算方法如下。

（1）度

节点的度是指与该节点直接向量的节点数目，表示的是节点的局部影响力，对于非加权网络，节点的度为：$D_i = K_i$，对于加权网络，节点的度又称为节点的强度，计算公式为：

$$sc_i = \sum_j w_{ij} \tag{10-3}$$

（2）接近性

节点的接近性是指节点到其他节点的最短路径之和的倒数，表示的是信息传播的紧密程度，其计算公式为：

$$c_i = \frac{N-1}{\sum_j d_{ij}} \tag{10-4}$$

（3）特征向量

特征向量的思想是节点的中心化测试值由周围所有连接的节点决定，即一个节点的中心化指标应该等于其相邻节点的中心化指标之线性叠加，表示的是通过与具有高度值的相邻节点所获得的间接影响力。特征向量的计算公式如下：

$$EC_i = \frac{1}{\lambda} \sum_j a_{ij} x_{ij} \tag{10-5}$$

（4）集聚系数

节点的集聚系数是它的相邻的节点之间的连接数与他们所有可能存在来链接的数量的比值，用来描述图的顶点之间阶级成团的程度的系数，计算公式如下：

$$C_i = \frac{2|e_{jk}|}{k_i(k_i - 1)} \tag{10-6}$$

（5）平均最短路径

节点的平局最短路径也叫紧密中心性，是节点的所有最短路径之和的平均值，表示的是一个节点传播信息时对其他节点的依赖程度。如果一个节点离其他节点越近，那么他传播信息的时候也就越不需要依赖其他人。一个节点到网络中各点的距离都很短，那么这个点就不会受制于其他节点。计算公式如下：

$$CC_i = \frac{\sum_j d_{ij}}{N} \tag{10-7}$$

因为每个算法的侧重方向的不同，在实际的问题中所选取的定量分析方法也会不一样。同时，对于关键词提取来说，也可以和上一节所提出的统计法得到的词的权重，如词性等相结合构建词搭配网络，然后利用上述方法得到关键词。

2.随机游走法

随机游走算法是网络图中一个非常著名的算法,它从给定图和出发点,随机地选择邻居节点移动到邻居节点上,然后再把现在的节点作为出发点,迭代上述过程。

随机游走算法一个很出名的应用是大名鼎鼎的 PageRank 算法,PageRank 算法是整个 Google 搜索的核心算法,是一种通过网页之间的超链接来计算网页重要性的技术,其关键的思想是重要性传递。在关键词提取领域,Mihalcea 等人[23]所提出的 TextRank 算法就是在文本关键词提取领域借鉴了这种思想。

PageRank 算法将整个互联网看作一张有向图,网页是图中的节点,而网页之间的链接就是图中的边。根据重要性传递的思想,如果一个大型网站 A 含有一个超链接指向了网页 B,那么网页 B 的重要性排名会根据 A 的重要性来提升。网页重要性的传递思想如图 10-2 所示。

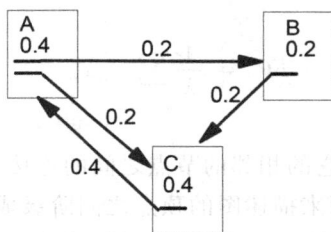

图 10-2 PageRank 简单描述

在 PageRank 算法中,最主要的是对于初始网页重要性(PR 值)的计算,因为对于上图中的网页 A 的重要性我们是无法预知的。但是,在原始论文中给出了一种迭代方法求出这个重要性,论文中指出,幂法求矩阵特征值与矩阵的初始值无关。那么,就可以为每个网页随机给一个初始值,然后迭代得到收敛值,并且收敛值与初始值无关。

PageRank 求网页 i 的 PR 值计算如下:

$$S(V_i) = (1-d) + d \times \sum_{j \in In(V_i)} \frac{1}{|Out(V_j)|} S(V_j) \tag{10-8}$$

其中,d 为阻尼系数,通常为 0.85。$In(V_i)$ 是指向网页 i 的网页集合。$Out(V_j)$ 是指网页 j 中的链接指向的集合,$|Out(V_j)|$ 是指集合中元素的个数。

TextRank 在构建图的时候将节点由网页改成了句子,并为节点之间的边引入了权值,其中权值表示两个句子的相似程度。其计算公式如下:

$$WS(V_j) = (1-d) + d \times \sum_{j \in In(V_i)} \frac{w_{ji}}{\sum_{V_K \in Out(V_j)} w_{jk}} WS(V_j) \quad (10\text{-}9)$$

式中，w_{ji} 为图中节点 V_i 和边 V_j 的权重。其他符号与 PageRank 公式相同。

TextRank 算法除了做文本关键词提取，还可以做文本摘要提取，效果不错。但是 TextRank 的计算复杂度很高，应用相对不广。

10.4　基于 LDA 的主题建模

算法的关键在于主题模型的构建。主题模型是一种文档生成模型，对于一篇文章，构思思路是先确定几个主题，然后根据主题想好描述主题的词汇，将词汇按照语法规则组成句子、段落、最后生成一篇文章。

主题模型也是基于这个思想，它认为文档是一些主题的混合分布，主题又是词语的概率分布，下面将要介绍的 LSI 模型就是第一个根据这个想法构建的模型。同样地，反过来想，找到了文档的主题，然后主题中有代表性的词就能表示这篇文档的核心意思，就是文档的关键词。

10.4.1　隐含狄利克雷分布

早期的主题建模方法称作是隐式语义索引（Latent Semantic Indexing，LSI），该方法和传统向量空间模型一样使用向量来表示词和文档，并通过向量间的关系（如夹角）来判断词及文档间的关系；主题被表示为线性独立的矢量，通过分解矩阵表示达到主题分类的目的。文章和单词都映射到同一个语义空间。在该空间内即能对文章进行聚类也能对单词进行聚类。语义空间的维度明显少于源单词—文章矩阵。更重要的是这样经过特定方式组合而成维度包含源矩阵的大量信息，同时降低了噪声的影响。这些特性有助于后续其他算法的加工处理。

LSA 依然存在一些缺陷，LSA 不能有效处理一词多义问题。因为 LSA 的基本假设之一是单词只有一个词义，LSA 的核心是 SVD，而 SVD 的计算复杂度十分高并且难以更新新出现的文献。

隐含狄利克雷分布，缩写 LDA，全称为 Latent Dirichlet Allocation，在 2003 年由 David M. Blei，Andrew Y. Ng 和 Michael I. Jordan 三位学者[24]提出来的。在 LDA 的学习中发现涉及很多基础的算法，包括 EM，Variational inference，Gibbs Sampling。在 LSA 中，主题分布和词分布都是唯一确定的。但是，在 LDA 中，主题分布和词分布是不确定的，LDA 的

作者们采用的是贝叶斯派的思想,认为它们应该服从一个分布,主题分布和词分布都是多项式分布,因为多项式分布和狄利克雷分布是共轭结构,在 LDA 中主题分布和词分布使用了 Dirichlet 分布作为它们的共轭先验分布。所以,常说 LDA 是 PLSA 的贝叶斯化版本。

先给出本小节在基于 LDA 的推导过程中用到的符号及其含义,如表 10-1 所示。

表 10-1　符号含义

公式中的符号	描　　述
N	文档总数
N_i	第 i 篇文档单词数
K	topic 总数
M	词表长度
d	文档编号,是一个整数
z	topic 编号,是一个整数
w	单词编号,是一个整数
$\vec{\alpha}$	document-topic 分布的超参数,是一个 K 维向量
β	topic-word 分布的超参数,是一个 M 维向量
$\vec{\theta}_i$	$p(z\|d=i)$ 组成的 K 维向量,其中 $z\in[1,K]$
Θ	$\Theta=\{\vec{\theta}_i\}_{i=1}^{N}$
$\vec{\varphi}_k$	$p(w\|z=k)$ 组成的 M 维向量,其中 $w\in[1,M]$
Φ	$\Phi=\{\vec{\varphi}_k\}_{k=1}^{K}$
$z_{i,j}$	第 i 篇文档的第 j 个单词的 topic 编号
$w_{i,j}$	第 i 篇文档的第 j 个单词在词表中的编号
ℓ	二维下标 (i,j),对应第 i 篇文档的第 j 个单词
$\rightarrow\ell$	下标包含这一项表示将第 i 篇文档的第 j 个单词排除在外
$n_{i,z}$	第 i 篇文档中由 z 这个 topic 产生的单词计数
n_i	第 i 篇文档由每个 topic 产生的单词计数组成的向量
n_{zw}	第 z 个 topic 产生单词 w 的计数
n_z	第 z 个 topic 产生全部单词的计数

隐含狄利克雷分布是一个三层贝叶斯生成模型,它把 PLSI 模型的参数文档-主题/主题-词分布也看作随机变量,并采用 Dirichlet 分布作为先

验。如图 10-3 所示，LDA 的三层结构被三种颜色表示出来：

（1）语料层（红色）：α 和 β 表示语料级别的超参数，每个文档都一样，被整个语料共享。

（2）文档层（橙色）：θ 是文档级别的变量，每个文档对应一个 θ，每个文档产生各个主题 z 的概率是不同的，生成每个文档需采样一次 θ。

（3）词层（绿色）：z 和 w 都是单词级别变量，z 由 θ 生成，w 由 z 和 β 共同生成，一个单词 w 对应一个主题 z。

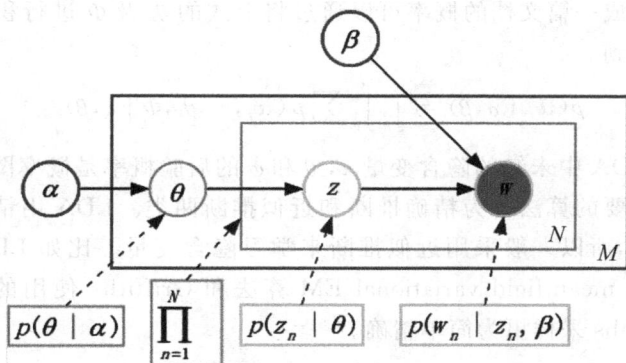

图 10-3　LDA 模型示意图

通过上面对 LDA 生成模型的讨论，可以知道 LDA 模型主要是从给定的输入语料中学习训练两个控制参数 α 和 β，学习出了这两个控制参数就确定了模型，便可以用来生成文档。其中 α 和 β 分别对应以下各个信息：

α：分布 $p(\theta)$ 需要一个向量参数，即 Dirichlet 分布的参数，用于生成一个主题 θ 向量；

β：各个主题对应的单词概率分布矩阵 $p(w|z)$。

Dirichlet 分布是多项分布的共轭先验概率分布，LDA 采用服从 Dirichlet 分布的 K 维隐含随机变量表示文档的主题混合比例，用一个服从 Dirichlet 分布的 V 维隐含随机变量表示主题中词典集的概率分布。在许多应用场合，我们使用对称 Dirichlet 分布，即各维 α 相同。其超参数是两个标量：维数 K 和参数向量各维均值 $\alpha = (\sum \alpha\_k)/K$，一篇文档生成的过程如下

（1）从 Dirichlet 分布中取样生成文档 i 的主题混合比例 θ_i，α 为 Dirichlet 分布的参数，也称为"hyperparamer"。

（2）从以 θ_i 为参数的主题 multinomial 分布中取样生成文档 i 第 j 个词的主题 $z_{i,j}$

（3）从 Dirichlet 分布中取样生成主题 $z_{i,j}$ 的词混合比例 $\varphi z_{i,j}$，同样 β 也是 Dirichlet 分布的超参数。

（4）从以 $\varphi z_{i,j}$ 为参数的词 multinomial 分布中采样词语，最终生成词语 $w_{i,j}$

整个模型中所有可见变量和隐含变量的联合概率分布为：

$$p(w_i,z_i,\theta_i,\Phi \mid \alpha,\beta)$$

$$= p(\theta_i \mid \alpha) * p(\Phi \mid \beta) * \prod_{j=1}^{N} p(z_{i,j} \mid \theta_i) * p(w_{i,j} \mid \Phi_{z_{i,j}}) \tag{10-10}$$

最终生成一篇文档的概率可以通过将上式的 θ_i 及 Φ 进行积分并对 z_i 进行求和得到。

$$p(w_i \mid \alpha,\beta) = \int_{\theta_i}\int_{\Phi} \sum_{z_i} p(w_i,z_i,\theta_i,\Phi \mid \alpha,\beta) \tag{10-11}$$

计算 LDA 中未知的隐含变量 z、θ 和 φ 的后验概率是概率图模型的推断问题。主要的算法分为精确推断和近似推断两类。LDA 用精确推断解起来很困难，所以一般采用近似推断来学习隐含变量。比如 LDA 原始论文中使用的 mean-field variational EM 算法和 Griffiths 使用的 Gibbs 采样，其中 Gibbs 采样更为简单精确。

10.4.2 Gibbs 抽样及推理

对于给定的概率分布 p，希望能生成符合该分布的样本，但有时该分布会因为高维而变得很复杂，并不好生成对应的样本。在 1953 年，Metropolis 利用马氏链能收敛到平稳分布的性质，首次提出了基于 Markov Chain Monte Carlo（马尔科夫蒙特卡洛，MCMC）的采样方法，简单地讲就是人为构造了细致平稳条件，假设 p 为分布，q 为转移矩阵，x、y 为样本，具体算法如下：

MAMC 采样算法

1：初始化马氏链初始状态 $X_0 = x_0$

2：对 $t=0,1,2\cdots$，循环以下过程进行采样

• 第 t 个时刻马氏链状态为 $X_t = x_t$，采样 $y \sim q(x \mid x_t)$

• 从均匀分布采样 $u \sim \text{Uniform}[0,1]$

• 如果 $u < a(x_t,y) = p(y)q(x_t \mid y)$，则接受转移 $x_t \rightarrow y$，即 $X_{t+1} = y$

• 否则不接受转移，即 $X_{t+1} = x_t$

但有时，接收率 α 可能偏小，导致转移的概率变小，采样次数变多。为了增大接收率，就出现了 Metropolis-Hastings 算法，如下：

Metropolis-Hastings 采样算法

1：初始化马氏链初始状态 $X_0 = x_0$

2：对 $t = 0, 1, 2, \cdots$，循环以下过程进行采样

- 第 t 个时刻马氏链状态为 $X_t = x_t$，采样 $y \sim q(x \mid x_t)$
- 从均匀分布采样 $u \sim \text{Uniform}[0, 1]$
- 如果 $u < a(x_t, y) = \min\{p(y)q(x_t \mid y) \,/\, p(x_t)p(y \mid x_t), 1\}$，则接受转移 $x_t \rightarrow y$，即 $X_{t+1} = y$
- 否则不接受转移，即 $X_{t+1} = x_t$

所以 Gibbs sampling 的关键在于求得分布 p，往往越强大的算法，可能是形式越简单。

10.4.3　Variance Inference

Variance Inference 称为变分推断，它主要用来近似后验概率分布。变分推断的原理如下。除了在上一小节中定义的数学符号外，再定义分布 p 和分布 q，两个分布之间的距离用 $KL(q \parallel p)$ 表示，根据 KL 距离的定义可知：

$$\ln p(X) = L(q) + KL(q \parallel p) \tag{10-12}$$

其中：

$$L(q) = \int q(Z) \ln \frac{p(X, Z)}{q(Z)} \, dZ$$

$$KL(q \,/\!/\, p) = -\int q(Z) \ln \frac{p(Z \mid X)}{q(Z)} \, dZ \tag{10-13}$$

为了让观察到的数据集更好地拟合分布 p，如果最大化 $L(q)$，就会最小化 $KL(q \parallel p)$（恒非负），即令 $q(Z)$ 最接近于 $p(Z \mid X)$，从而实现了用分布 q 来近似隐变量后验概率分布的过程。

将 $L(q)$ 展开可知：

$$
\begin{aligned}
L(q) &= \int q_j \left\{ \int \ln p(X, Z) \prod_{i \neq i} q_i dZ_i \right\} dZ_j - \int q_j \ln q_j dZ_j + const = \\
&\quad \int q_j \ln p(X, Z_j) dZ_i - \int q_j \ln q_j dZ_j + const = \\
&\quad \int q_j \frac{\tilde{p}(X, Z_j)}{q_j} dZ_j + const = \\
&\quad -KL(q_j \,/\!/\, \tilde{p}(X, Z_j)) + const
\end{aligned}
$$

$$\tag{10-14}$$

其中：

很显然令 $L(q)$ 最大的方式，即令：

$$q_j = \tilde{p}(X, Z) \tag{10-15}$$

做归一化之后可知：

$$q_j(Z_j) = \frac{\exp(E_{i \neq j}[\ln p(X, Z)])}{\int \exp(E_{i \neq j}[\ln p(X, Z)]) dZ_j} \tag{10-16}$$

然后不断的迭代优化，直到收敛。

10.4.4 Bayesian HMM 模型

早期对语法建模要依赖大量的文本语法规则库，综合考虑各种可能的场景，不停的更新语料库，但是做起来很困难，成本高昂。比如，Green 和 Rubin 在 *Automatic grammatical tagging of english* 一文中，设计了一种词性标志工具，包含了数千种规则，也仅达到了 77％ 的正确率。

自然语言的组合是很灵活多变的，当分析一段文本的时候，单词是被观察对象，根据词性规则顺序逐个生成单词，所以，HuWeiming 等在 *An Improved Hierarchical Dirichlet Process-Hidden Markov Model and Its Application to Trajectory Modeling and Retrieval* 文中利用 HMM 来建模此类问题，其中词性规则顺序是隐含的状态，单词是可见变量。

在其研究中，详细描述了一种基于 Bayesian HMM 的语法建模过程，HMM 的转移和发射概率是具有 Dirichlet 先验的共轭随机变量。图 10-4 是其数学表示。

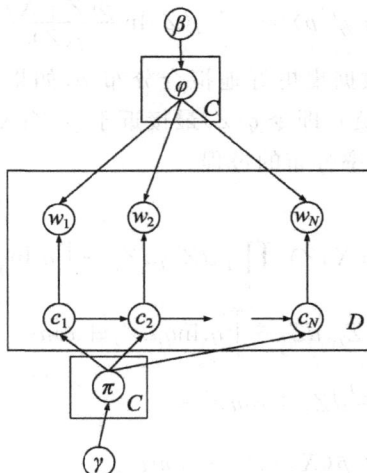

图 10-4　利用 Bayesian HMM 语法建模

式中，c_i 代表单词 w_i 的词性分类，C 代表词性。

Bayesian HMM 方法使用同 LDA 方法中 Gibbs 抽样框架，对于具有 Dirichlet 先验 $p(\theta|\alpha)$ 的多项式分布 $p(x|\theta)$ 来说，x_i 属于 $k \in K$ 的概率为：

$$p(x_i = k|x_{-i}, \alpha) = \frac{n_k + \alpha}{n + |K|\alpha - 1} \tag{10-17}$$

其中，α 为对称的 K 维矢量，x_{-i} 为除去 x_i 的其他变量。

因此，词性 c_i 的概率计算为：

$$p(c_i|c_{-1}, \gamma) \propto \frac{n_{c_{i-2}, c_{i-1}, c_i} + \gamma_{c_i}}{n_{c_{i-2}, c_{i-1}} + \gamma} \tag{10-18}$$

其中，n_x 为语料中序列 x 出现的次数，在给出 c_{-i} 和单词 w 的情况下，c_i 的概率为：

$$p(c_i|c_{-1}, w, \beta, \gamma) \propto \frac{n_{w_i}^{(c_i)} + \beta}{n^{(c_i)} + W\beta} \frac{n_{c_{i-2}, c_{i-1}, c_i} + \gamma_{c_i}}{n_{c_{i-2}, c_{i-1}} + \gamma} \frac{n_{c_{i-1}, c_i, c_{i+1}} + \gamma_{c_i}}{n_{c_{i-1}, c_i} + \gamma} \frac{n_{c_i, c_{i+1}, c_{i+2}} + \gamma_{c_i}}{n_{c_i, c_{i+1}} + \gamma} \tag{10-19}$$

其中，$n_{w_i}^{(c_i)}$ 代表 c_i 属于单词 w_i 词性类别的次数，$n^{(c_i)}$ 代表词性 c_i 总共出现的次数。

10.4.5　利用 Bayesian HMM 的 LDA 模型

Griffits 等在"Integrating topics and syntax：International Conference on Neural Information Processing Systems"文中[25]把 LDA 模型和 Bayesian HMM 模型联合起来，建立了主题与语法模型，在这个模型中，所有的语义单词（比如，表达主题的词汇）都被归到 Bayesian HMM 模型的单个状态中，而句法单词用剩余的状态被表示，代表了不同的词性归类。在语义范围内，单个主题利用 LDA 来建模，如图 10-5 所示。

用 C_{SYN} 代表纯句法单词的数量，假设状态 1 是处于语义状态。

HMMLDA 的产生过程，如下：

1. Draw $\theta^{(d)} \sim Dirichlet(\alpha)$

2. For each word w_i in document d

　　a) Draw topic $z_i \sim Multinomial(\theta^{(d)})$

　　b) Draw POS class c_i from $\pi^{(c_{i-1})}$

　　c) if $c_i = 1$：

　　　　i. Draw word $w_i \sim \varphi(z_i)$

　　d) else：

　　　　i. Draw word $w_i \sim \varphi(c_i)$

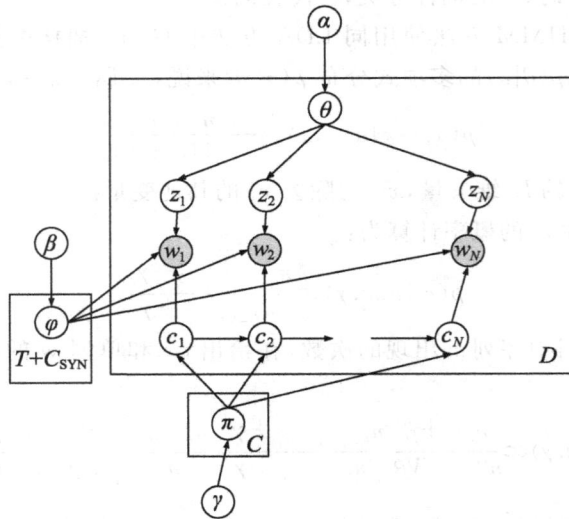

图 10-5 基于 Bayesian HMM 的 LDA 模型

Gibbs 抽样的概率函数为上式(10-10)和(10-19)的联合表示。

$$p(c_i,z_i|c_{-i},z_{-i},w) \propto \begin{cases} p_{c_i} \cdot \dfrac{n_{w_i}^{(c_i,z_i)}+\beta}{n^{(c_i,z_i)}+W\beta} \cdot \dfrac{n_{z_i}^{(d)}+\alpha_{z_i}}{n^{(d)}+\alpha} & c_i=1 \\[3mm] p_{c_i} \cdot \dfrac{n_{w_i}^{(c_i)}+\beta}{n^{(c_i)}+W\beta} & c_i \neq 1 \end{cases} \tag{10-20}$$

其中

$$p_{c_i}=\frac{n_{c_{i-2},c_{i-1},c_i}+\gamma_{c_i}}{n_{c_{i-2},c_{i-1}}+\gamma}\frac{n_{c_{i-1},c_i,c_{i+1}}+\gamma_{c_i}}{n_{c_{i-1},c_i}+\gamma}\frac{n_{c_i,c_{i+1},c_{i+2}}+\gamma_{c_i}}{n_{c_i,c_{i+1}}+\gamma} \tag{10-21}$$

在下图中,参考文献中给出了 Brown 和 TASA 语料上的实验结果,并与 LDA 模型作了对比。

①LDA Topics,见表 10-2。

表 10-2 LDA 前 10 个主题

the	the	the	the	the	a	the	the	the
blood	,	,	of	a	the	,	,	,
,	and	and	,	of	of	of	a	a
of	of	of	to	,	,	a	of	in
body	a	in	in	in	in	and	and	game
heart	in	land	and	to	water	in	drink	ball

续表

and	trees	to	classes	picture	is	story	alcohol	and
in	tree	farmers	gover	film	and	is	to	team
to	with	for	a	image	matter	to	bottle	to
is	on	farm	state	lens	are	as	in	play

②HMMLDA topics，见表 10-3。

表 10-3　HMMLDA 前 10 个主题

blood	forest	farmers	govement	light	water	story	drugs	ball
heart	trees	land	state	eye	matter	stories	drug	game
pressure	forests	crops	molecules	lens	federal	poem	alcohol	team
body	land	farm	public	image	liquid	characters	people	*
lungs	soil	food	local	mirror	particles	poetry	drinking	baseball
oxyen	areas	people	act	eyes	gas0	character	person	players
vessels	park	farming	states	glass	solid	author	effects	football
arteires	wildlife	wheat	national	object	substance	poems	marojuana	player
*	area	farms	temperature	objects	laws	life	body	field
breathing	rain	corn	department	lenses	changes	poet	use	basketball

从图 10-3 中可以看出，HMMLDA 模型更能对语义和语法单词作分割，提供的主题描述词更有意义。

在 Darlng 的博士论文中，Darling 扩展了 HMMLDA 模型，实现了对不同类型的语义词性分类。在 POSLDA 中，不是把所有的语义单词归结到一种状态下，而是状态被分成语义和非语义状态两种，语义状态的单词通过 Bayesian 和 LDA 的联合状态分布建模。

用 C_{SEM} 表示语义类的数量，把第一个状态设定为初始语义状态，那么 POSLDA 模型的生成过程如下所示：

1. For each row π_r in π

   a）Draw $\pi_r \sim Dirichlent(\gamma)$

2. For each word distribution $\varphi_t \in \varphi$:

   a）Draw $\varphi_t \sim Dirichlent(\beta)$

3. For each document d：

   a）Draw topic distribution $\theta_d \sim Dirichlet(\alpha)$

b) For each word token w_i in document d：

   i. Draw POS class $c_i \sim \pi_{c_{i-1}}$

   ii. if $c_i \leqslant C_{SEM}$：

     1. Draw word $w_i \sim \varphi_c^{(SYN)}$

   iii. else

     1. Draw topic $z_i \sim \theta_d$

     2. Draw word $w_i \sim \varphi_c^{(SEM)}$

Gibbs 抽样的概率函数是在 HMMLDA 模型下的扩展。

$$p(c_i, z_i | c_{-i}, z_{-i}, w) \propto \begin{cases} p_{c_i} \cdot \dfrac{n_{w_i}^{(c_i, z_i)} + \beta}{n^{(c_i, z_i)} + W\beta} \cdot \dfrac{n_{z_i}^{(d)} + \alpha_{z_i}}{n^{(d)} + \alpha} & c_i \leqslant C_{SEM} \\ p_{c_i} \cdot \dfrac{n_{w_i}^{(c_i)} + \beta}{n^{(c_i)} + W\beta} & c_i > C_{SEM} \end{cases} \tag{10-22}$$

其图形表示如图 10-6 所示：

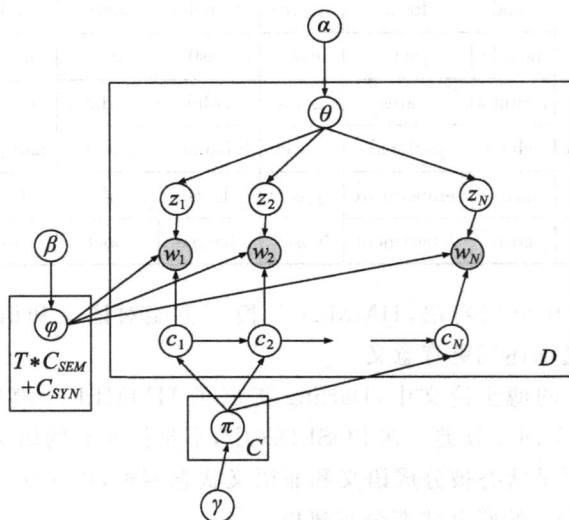

图 10-6　POSLDA 模型

LDA、BayesianHMM 和 HMMLDA 都是 POSLDA 的特例，设置 $C=1$ 则把模型缩减为 LDA，设置 $T=1$，模型简化为 BayesianHMM，设置 $C_{SEM}=1$ 则模型简化为 HMMLDA，这样的通用结构的优点是在实验过程中，可以仅通过调节相应的参数来实现不同的模型。

Darling 在 TREC AP 的数据集上得到了实验结果，如图 10-7 所示，相比较与 LDA 和 HMMLDA，POSLDA 的困惑度更低。

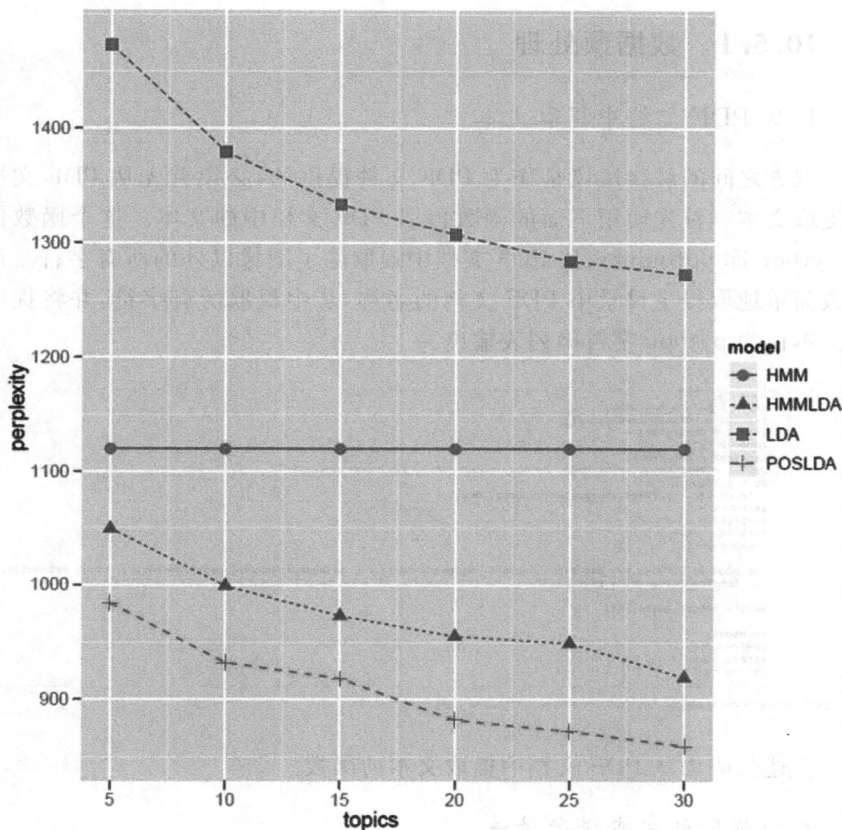

图 10-7　POSLDA 和其他模型的困惑度对比

10.5　主题模型实践

本节以法庭宣判为背景,讲述主题模型在文本分析中的应用。有一则案例,对双方的商标和域名协议相关的法律文件进行自动化主题建模,以提取赞同或不赞同任何一方的话题。律师如何有效地管理一系列的法庭陈述文件,从而能够快捷地找到要查找的内容。试想一下,如果有一个数千页的文件并且有很多重要的细节,该怎么办呢?主题建模是个很好的工具,就是如何从法律文件中自动建模主题,并总结关键的上下文信息。这个过程包括一系列步骤:将从文档中提取文本、清洗文本、对文本进行主题建模、主题摘要及可视化。

10.5.1 数据预处理

1. 从 PDF 文档中提取文本

双方之间的法律协议是作为 PDF 文件提供的,必须首先从 PDF 文档中提取文本。首先使用下面的函数提取 PDF 文档中的文本。这个函数使用 python 库 pdf-miner,从 PDF 文档中提取除了图像以外的所有字符。该函数简单地取得主目录中 PDF 文档的名称,从中提取所有字符,并将提取的文本作为 python 字符串列表输出。

```
In [3]: def convert_pdf_to_txt(path):
            rsrcmgr = PDFResourceManager()
            retstr = StringIO()
            codec = 'utf-8'
            laparams = LAParams()
            device = TextConverter(rsrcmgr, retstr, codec=codec, laparams=laparams)
            fp = file(path, 'rb')
            interpreter = PDFPageInterpreter(rsrcmgr, device)
            password = ""
            maxpages = 0
            caching = True
            pagenos=set()

            for page in PDFPage.get_pages(fp, pagenos, maxpages=maxpages, password=password,caching=caching, check_extractable=
                interpreter.process_page(page)

            text = retstr.getvalue()

            fp.close()
            device.close()
            retstr.close()
            return text

In [4]: lone=convert_pdf_to_txt('doc_3Trademark_Transfer_Agreement.pdf')
```

上述代码为从 PDF 文档中提取文本的函数。

2. 对提取的文本进行清洗

从 PDF 文档中提取的文本包含无用的字符,需要将其删除。这些字符会降低模型的有效性,因为模型会将无用的字符也进行计数。下面的函数使用一系列的正则表达式和替换函数以及列表解析,将这些无用的字符替换成空格。通过下面的函数进行处理,结果文档只包含字母和数字字符。

```
In [8]: shear=[i.replace('\xe2\x80\x9c','') for i in clean_cont ]
        shear=[i.replace('\xe2\x80\x9d','') for i in shear ]
        shear=[i.replace('\xe2\x80\x99s','') for i in shear ]

        shears = [x for x in shear if x != ' ']
        shearss = [x for x in shears if x != '']
```

上述代码实现了用空格代替文档中无用字符的作用。

```
In [12]: dubby=[re.sub("[^a-zA-Z]+", " ", s) for s in shearss]
```

上述代码实现了用空格代替非字母字符的作用。

10.5.2　主题建模

使用 scikit-learn 中的 CountVectorizer 只需要调整最少的参数，就能将已经清理好的文档表示为 Document Term Matrix（文档术语矩阵）。CountVectorizer 显示停用词被删除后单词出现在列表中的次数。

```
In [14]: from sklearn.feature_extraction.text import CountVectorizer,TfidfVectorizer
         from sklearn.decomposition import LatentDirichletAllocation
         import pandas as pd
         import numpy as np
         %pylab
         %matplotlib inline

         Using matplotlib backend: MacOSX
         Populating the interactive namespace from numpy and matplotlib
         /Users/mac/anaconda2/lib/python2.7/site-packages/IPython/core/magics/pylab.py:161: UserWarning: pylab import has clob
         bered these variables: ['f']
         `%matplotlib` prevents importing * from pylab and numpy
           "\n`%matplotlib` prevents importing * from pylab and numpy"

In [15]: from sklearn.feature_extraction.stop_words import ENGLISH_STOP_WORDS

In [16]: vect=CountVectorizer(ngram_range=(1,1),stop_words='english')

In [17]: dtm=vect.fit_transform(dubby)
```

上述代码显示了 CountVectorizer 是如何在文档上使用的。

文档术语矩阵（document term matrix）被格式化为黑白数据框，从而可以浏览数据集，如图 10-8 所示。该数据框显示文档中每个主题的词出现的次数。如果没有格式化为数据框，文档主题矩阵是以 Scipy 稀疏矩阵的形式存在的，应该使用 todense() 或 toarray() 将其转换为稠密矩阵。

```
In [19]: pd.DataFrame(dtm.toarray(),columns=vect.get_feature_names())
```

Out[19]:	accommodate	accordance	acknowledged	action	actions	additional	address	advised	affiliated	aggrieved	...	warrants	warranty	way	whereof	witness
0	0	0	0	0	0	0	0	0	0	0	...	0	0	0	0	0
1	0	0	0	0	0	0	0	0	0	0	...	0	0	0	0	0
2	0	0	0	0	0	0	0	0	0	0	...	0	0	0	0	0
3	0	0	0	0	0	0	0	0	0	0	...	0	0	0	0	0
4	0	0	0	0	0	0	0	0	0	0	...	0	0	0	0	0
5	0	0	0	0	0	0	0	0	0	0	...	0	0	0	0	0
6	0	0	0	0	0	0	0	0	0	0	...	0	0	0	0	0
7	0	0	0	0	0	0	0	0	0	0	...	0	0	0	0	0
8	1	0	0	0	0	0	0	0	0	0	...	0	0	0	0	0
9	0	0	0	0	0	0	0	0	0	0	...	0	0	0	0	0
10	0	0	0	0	0	0	0	0	0	0	...	0	0	0	0	0
11	1	0	0	0	0	0	0	0	0	0	...	0	0	0	0	0
12	0	0	0	0	0	0	0	0	0	0	...	0	0	0	0	0
13	0	0	0	0	0	0	0	0	0	0	...	0	0	0	0	0
14	0	0	0	0	0	0	0	0	0	0	...	0	0	0	0	0
15	0	0	0	1	0	0	0	0	0	0	...	0	0	0	0	0
16	0	0	0	0	0	0	0	0	0	0	...	0	0	0	0	0
17	0	0	0	0	0	0	0	0	0	0	...	0	0	0	0	0
18	0	0	0	0	0	0	0	0	0	0	...	0	0	0	0	0
19	0	0	0	0	0	0	0	0	0	0	...	0	0	0	0	0

图 10-8　数据集显示（部分）

图 10-8 是从 CountVectorizer 的输出中截取的。

该文档术语矩阵被用作 LDA 算法的输入。现在有一些 LDA 算法的不同实现，对于本项目，将使用 scikit-learn 实现。另一个非常有名的 LDA 实现是 Radim Rehurek 的 gensim。这适用于将 CountVectorizer 输出的文档术语矩阵作为输入。该算法适用于提取五个不同的主题上下文，如下面的代码所示。当然，这个主题数量也可以改变，这取决于模型的粒度级别。

下面的代码使用 mglearn 库来显示每个特定主题模型中的前 10 个单词。可以很容易从提取的单词中得到每个主题的摘要。

```
In [23]:  import numpy as np
          sorting=np.argsort(lda.components_)[:,::-1]
          features=np.array(vect.get_feature_names())

In [60]:  import mglearn
          mglearn.tools.print_topics(topics=range(5), feature_names=features,
          sorting=sorting, topics_per_chunk=5, n_words=10)
          topic 0       topic 1       topic 2       topic 3       topic 4
          --------      --------      --------      --------      --------
          page          agreement     trademarks    domain        party
          trademark     parties       party         names         eclipse
          written       signature     shall         title         date
          law           entire        right         eclipse       remedies
          seek          registered    eclipse       trademarks    reg
          additional    obligations   agreement     jurisdiction  dated
          remedies      hereto        assignment    transferred   shall
          past          hereunder     ownership     list          foundation
          mark          hereof        term          supersedes    right
          available     respect       condition     company       rights
```

上述显示了 LDA 的 5 个主题和每个主题中最常用的单词。

从上面的结果可以看出，Topic-2 与商标所有权协议的条款和条件有很大关系。Topic-1 讨论了签字方和当事方之间的协议。ECLIPSE 这个词似乎在所有五个主题中都很流行，这说明它在整个文档中是相关的。

这个结果与文档（商标和域名协议）非常一致。

为了更加直观地观察每个主题，我们用每个主题模型提取句子进行简洁的总结。下面的代码从主题 1 和 4 中提取前 4 个句子。

```
In [43]:  Agreement_Topic=np.argsort(lda_dtf[:,2])[::-1]
          for i in Agreement_Topic[:4]:
              print(b".".join(dubby[i].split(b".")[:2]) + b".\n")

          Assignment and to issue or transfer said Trademarks to Eclipse as owner of all right title and .

          name registrars as may be necessary to vest in and secure unto Eclipse the full right title and .

          Party hereby authorizes the Commissioner of Patents and Trademarks of the United States and .

          the laws of the State of New York without regard to the conflicts of law .

In [44]:  Domain_Name_Topic=np.argsort(lda_dtf[:,4])[::-1]
          for i in Domain_Name_Topic[:4]:
              print(b".".join(dubby[i].split(b".")[:2]) + b".\n")

           http www eclipse org legal logo guidelines php as may be amended from time to time the .

          formally approves the Project the Project Effective Date Party shall cause any related .

          mail return receipt requested postage prepaid to a party at the address set .

          Non Exclusive Remedies The rights and remedies of a party set forth .
```

上述代码显示了从主题模型 1 和 4 中提取的句子。

Topic-1 的句子是指，根据纽约市的法律将商标转让给 eclipse。

主题 4 的句子清楚地显示了商标协议的域名和生效日期。

10.5.3　结果可视化

PyldaVis 库被用来对主题模型进行可视化。请注意，Topic 1 和 Topic 4 之间有非常紧密的联系，Topic 2,3 和 5 主题是相互区分开的。这些主题 (2,3 和 5)在法律文件中包含了相对独特的主题，并且应该进行更细致的观察，因为它们在合并时提供了更宽的文档视图：

图 10-9 显示每个主题之间的区别。

Intertopic Distance Map (via multidimensional scaling)

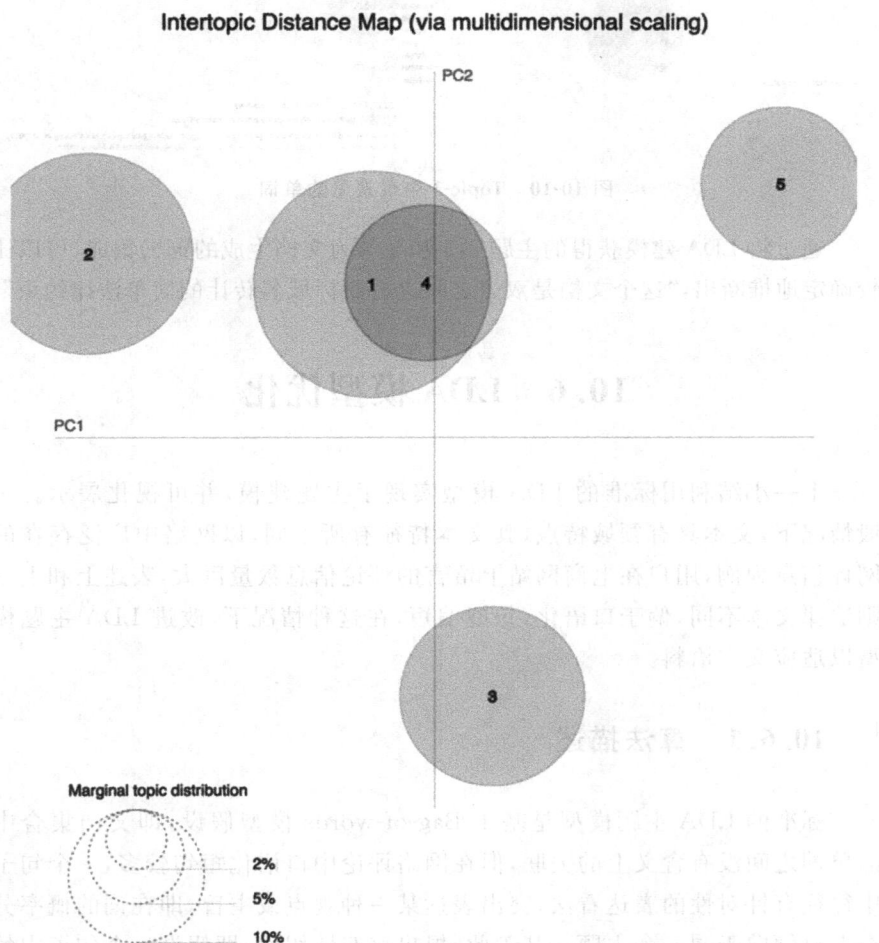

图 10-9　主题可视化

从图 10-10 来看，Topic-5 是关于双方的协议、义务和签名的主题，而 Topic-3 则是关于域名、标题和商标的讨论。

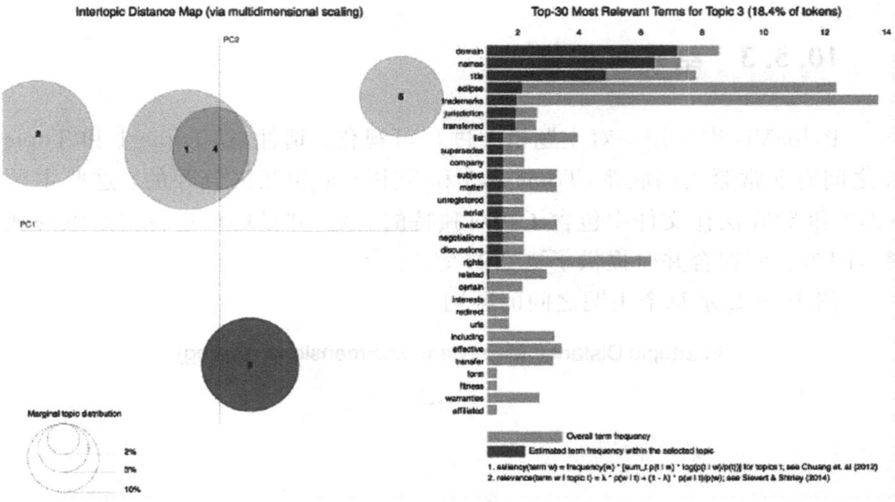

图 10-10 Topic-3 中最常见的单词

通过将 LDA 建模获得的主题 2,3 和 5 与为文档生成的词云集成,可以比较确定地推断出,"这个文档是双方之间进行商标域名转让的简单法律约束"。

10.6 LDA 模型优化

上一小结利用标准的 LDA 模型实现了主题建模,并可视化展示。一般情况下,文本具有领域特点,其文本特征有所不同,以网络中广泛存在的网评信息为例,用户在电商网站上留言的评论信息数量巨大,表述上和上一则法律文本不同,偏于口语化,句型偏短,在这种情况下,改进 LDA 主题模型以适应文本语料。

10.6.1 算法描述

标准的 LDA 主题模型是基于 Bag-of-words 模型假设,即文档集合中的单词之间没有含义上的关联,但在网络评论中口语化短句较多,一个句子中往往有针对性的表达看法,突出表达某一种观点或主旨,即在词的概率分布上更倾向于同一个主题。基于此,提出普遍性假设,即假设一个句子中的词是由同一个主题概率分布生成的,这一点不同于标准 LDA,在标准 LDA 中没有"句子"的概念。改进模型见图 10-11,加粗的黑色框 Sentence 表示句子层级。生成过程如下所述。

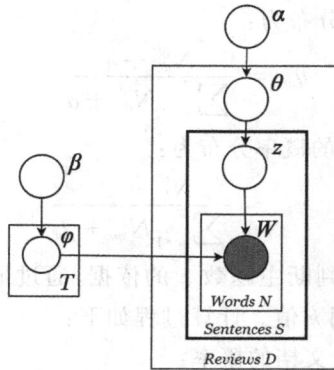

图 10-11　Sentence-LDA 模型示意图

（1）对每一个主题，抽取一个单词分布 $\varphi_z \sim Dirichlet(\beta)$

（2）对文档集中的每一篇文档 d，

　　a. 抽取主题分布 $\theta_d \sim Dirichlet(\alpha)$

　　b. 对于文档 d 中的每一个句子

　　　i. 抽取一个主题 $z \sim Multinomial(\theta_d)$

　　　ii. 生成单词 $w \sim Multinomial(\varphi_z)$

在模型中，一条句子内的所有单词 w 共享同一个主题分布 Z。使用 Gibbs 抽样估算潜在变量 θ 和 φ。第 i 个句子的主题由下述条件概率计算：

$$p(z_s|w,z_{-s},\alpha,\beta,D) = \frac{p(w,z|\alpha,\beta,D)}{p(\{w_s,w_{-s}\},z_{-s}|\alpha,\beta,D)} =$$

$$\frac{p(w,z|\alpha,\beta,D)}{p(w_s|\alpha,\beta,D)p(w_{-s},z_{-s}|\alpha,\beta,D)} \propto \qquad (10\text{-}23)$$

$$\frac{p(w,z|\alpha,\beta,D)}{p(w_{-s},z_{-s}|\alpha,\beta,D)}$$

表 10-4　变量的含义

变量	含义
D	评论文档的数量
M	文档集中的句子的数量
N	独立词汇的数量
z_i	第 i 个句子的主题分布
Z_{-i}	除了第 i 个句子之外其他句子的主题分布
α_k	隐含变量 θ 的 Dirichlet 先验
β_k	隐含变量 φ 的 Dirichlet 先验
N_{dk}^W	文档 d 中由第 k 个主题生成的句子的数量
N_j^W	属于第 k 个主题的句子的数量

评论文档 d 的主题分布为：

$$\theta_{dk} = \frac{N_{dk}^W + \alpha_k}{\sum_{n=1}^{T} N_{dn}^W + \alpha_n} \tag{10-24}$$

主题 k 中的单词 w 的概率分布为：

$$\varphi_{kw} = \frac{N_{kw}^W + \beta_w}{\sum_{n=1}^{V} N_{kn}^W + \beta_n} \tag{10-25}$$

采用 Likelihood 为判断主题数 k 的依据，通过最大化所有评论文档的 log-likelihood 之和，得到 k 值。计算过程如下：

首先，计算每个评论文档的概率：

$$p(d) = \sum_z P(z,d) = \sum_z p(z)p(d \mid z) \tag{10-26}$$

然后，计算数据集中文档 d 的条件概率，为了计算方便，对计算结果取 log。

$$(\alpha,\beta) = \log(p(d \mid \alpha,\beta)) =$$

$$\log \int \left\{ \sum_z \left[\prod_{i=1}^{T} p(d_i \mid z_i,\beta)p(z_i \mid \theta) \right] \right\} p(\theta \mid \alpha) d\theta \tag{10-27}$$

根据经验，设定主题数的一个范围，并在这个范围内计算各个主题数所对应的 log-likelihood 值，较高的 log-likelihood 值意味着较好的建模效果，在此范围内取得最高 log-likelihood 值的主题数设定为模型中的 k 值。

在 LDA 中，主题的数目 k 没有一个固定的最优解。模型训练时，需要事先设置主题数，需要根据训练出来的结果，手动调参，优化主题数目，进而优化文本分类结果。

10.6.2 计算主题词相关性

主题模型可视化展示结果最常用的方法是在各个主题下依次列出最有可能的前 n 个代表性单词，但是并没有考虑主题之间关系，所以会在不同的主题上出现很多相同的主题词。为了形成更清晰的主题脉络，减少主题间的交叉，提出了一种计算主题词相关性的方法，对于出现在多个主题上的词汇进行因子惩罚，过程如下：

首先，利用在某一个主题 k 下的词频概率 $p(w|k)$，而不是考虑全局的词频 $p(w)$，并使其被指数熵 e^{H_w} 除，其中

$$H_w \triangleq -\sum_k p(k \mid w)\log p(k \mid w) \tag{10-28}$$

代表指定单词 w 下的主题分布的熵，表示了单词 w 横跨多个主题的程度。定义相关度为：

$$R(w|k) \triangleq \frac{p(w|k)}{e^{H_w}} \tag{10-29}$$

用指数熵去除主题 k 下的单词 w 的条件概率，得到相关性的进一步计算如下：

$$R(w|k) \triangleq \frac{p(w|k)}{e^{H_w}} = \frac{\varphi_{kw}}{e^{H_w}} \tag{10-30}$$

计算得到的熵：

$$H_w = \sum_k p(k|w) \log p(k|w) \tag{10-31}$$

在概率上应用贝叶斯规则：

$$p(k|w) \propto p(w|k)p(k) = \varphi_{kw} \sum_d p(k|d)p(d) \propto \varphi_{kw} \sum_d \theta_{dk} N_d \tag{10-32}$$

其中，N_d 表示文档的长度。至此，得到计算主题词相关性的过程。

根据给出的单词 w 计算主题分布：

$$p(k|w) \propto \varphi_{dk} \sum_d \theta_{dk} N_d \tag{10-33}$$

计算熵：

$$H_w = \sum_k p(k|w) \log p(k|w) \tag{10-34}$$

用指数熵除单词 w 在主题 k 下的条件概率：

$$R(w|k) \triangleq \frac{p(w|k)}{e^{H_w}} \tag{10-35}$$

10.6.3　可视化显示

1. 实验数据

在线抓取网络的影评数据，电影"肖申克的救赎"是一部广受欢迎的电影，在豆瓣网影评评分中，得到了 9.6 的高分，有近 60 万条评论。为了验证模型在提取主题线索上的有效性，抓取了此部电影在豆瓣网上的 20000 条短评论和 3000 条长评论，对数据进行预处理，删除仅仅有英文单词的评论和少于两个字的评论，保留了 22476 条评论信息。然后分词并根据哈工大信息检索实验室发布的停用词表去除停用词，最终，评论集共涵盖 69841 个词汇。

2. 主题分布

改进的 Sentence-LDA 模型以句子为单位，在实验中把符号"。""！"

"?"作为断句特征,其他符号则过滤掉。根据上面小节中提出的 Sentence-LDA 模型和单词相关性计算方法,对抓取的实验数据进行了主题计算。

当以 Gibbs 抽样计算 LDA 模型的参数时,根据前面学者中介绍的经验值,设置 α 为 50/k,设置 β 为 0.01。实验过程中迭代次数置为 1000,分别抽取每个主题的前 10 个单词,表 10-5 显示了实验结果,以概率降序排列。

表 10-5　Sentence-LDA 模型下的前 10 个主题词

1th	2th	3th	4th	5th	6th	7th	8th
信念	选择	经典	光辉	越狱	五星	瑞德	棱角
自由	越狱	银行家	囚犯	海边	越狱	旁白	强烈
希望	希望	监狱长	喜欢	放弃	小说	诺顿	震撼
生活	体制	体制	希望	希望	四星	内景	体制
瑞德	世界	生活	监狱	生活	希望	镜头	社会
救赎	生活	瑞德	东西	救赎	生活	监狱	救赎
监狱长	救赎	救赎	经典	监狱	救赎	哈雷	监狱
监狱	监狱	挖洞	救赎	故事	故事	布鲁克斯	刺激
典狱	人生	广场	暴雨	自由	光辉	白天	典狱
坚韧不拔	安迪	励志	生活	安迪	成功	强烈	执着

从表中看出,第 3 个主题有"挖洞""广场"等词,此主题涵盖有越狱线索;第 6 个主题有"五星""四星"等词,主题表示了以观影者角度对影片给出的评价;第 7 个主题有"内景""旁白""镜头"等,主题阐述了电影拍摄的内容;第 8 个主题中有"强烈""震撼""刺激"等,表示了主题在反映情感倾向。上述分类结果显示了模型得出的结果有较强的主题倾向性。

为了分析模型的效果,针对同样的网评数据利用标准 LDA 计算了主题分布,提取了 8 个主题的前 10 个主题词,限于篇幅,此处不再一一列出。LDA 模型和 Sentence-LDA 模型得到的主题脉络对比如图 10-12 所示。

从图中可以看出,相对于 LDA 模型,基于 Sentence-LDA 的模型能够更清晰地计算出主题的脉络线索,在主题间有较少的重叠,跨主题单词相关性计算起到了一定作用。分析结果,在所提出的 Sentence-LDA 算法中,依据一句评论中的词共享同样的主题分布的假设,在迭代计算中,使得文档的主题分布更加趋近集中,更突出刻画主题。

在计算代表主题的前 n 个词时,主题内的词频计算根据上面小节的主题词相关性优化计算方法,对横跨多个主题的而且无意义的高频背景词来

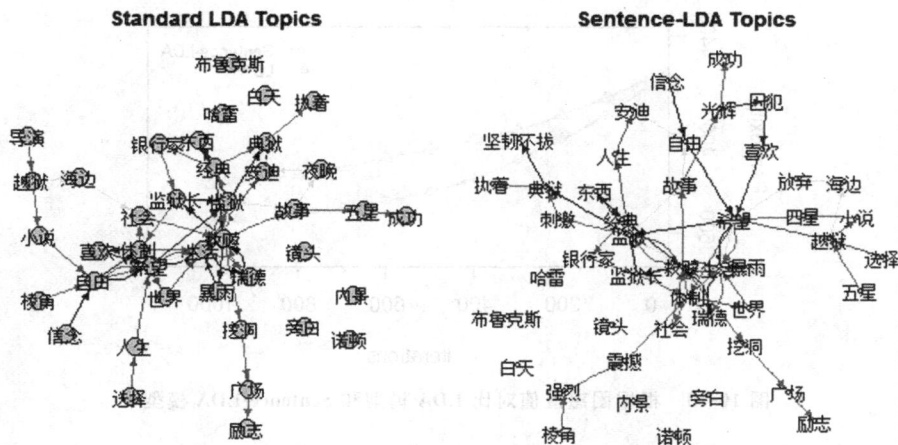

Standard LDA Topics　　　　　　　　　**Sentence-LDA Topics**

图 10-12　两种模型 LDA 和 Sentence-LDA 的主题脉络图对比

说,其 e^{Hw} 值较高,通过惩罚因子 e^{-Hw} 降低了在主题内的相关性,而采用 $p(w|k)e^{-Hw}$ 得出的词排序高,则更具有主题的描述价值,所以计算结果显示主题间的关联上耦合度更小。

3. 结果分析

困惑度(Perplexity)是一种信息理论的测量方法,经常用于语言模型的评估,评价一个概率模型好坏,困惑度小,说明模型具有更好的推广能力;困惑度越大,说明模型的推广能力越差。LDA 的作者 Blei[24] 在其实验中采用 Perplexity 值作为评判标准。困惑度被定义为:

$$\text{perplexity}(D_{\text{ReviewsSet}}) = \exp\left\{-\frac{\sum_{d=1}^{M}\log p(w_d)}{\sum_{d=1}^{M}N_d}\right\} \tag{10-36}$$

其中,M 为文档的数量,w_d 代表文档 d 中的单词,N_d 表示文档 d 中的单词数量。每个词的概率 $p(w)$:

$$p(w) = \sum_z P(z,w) = \sum_z P(z)P(w\mid z) \tag{10-37}$$

由于采用 Bag-of-words 模型,评论语料的 Likelihood 为所有词概率的乘积,计算出 Perplexity。两种模型下 Perplexity 和迭代次数之间的曲线关系如图 10-13 所示。

三角形的曲线表示 LDA 模型计算的 Perplexity 和迭代次数之间的关系,圆圈曲线基于 Sentence-LDA 模型计算的关系。随着迭代次数的增多,圆圈曲线下降的速度更快,基于 Sentence-LDA 模型的困惑度相对更低。

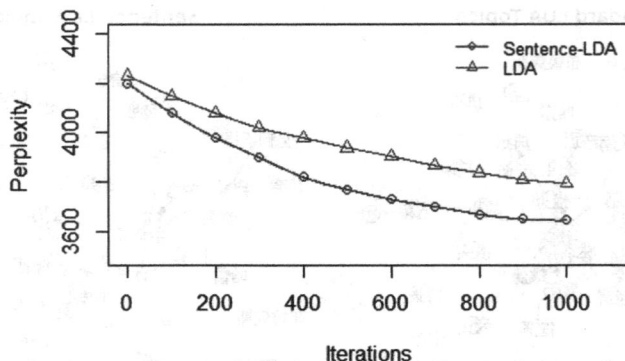

图 10-13　根据困惑度值对比 LDA 模型和 Sentence-LDA 模型

　　为了更好的量化表示跨主题的词相关性计算效果,基于 Sentence-LDA 和 LDA 两种模型的计算结果,对每个主题分别选取前 50 个主题词,针对跨 2 个主题、3 个主题、独立出现在某一主题的情况分别进行汇总,结果如表 10-6 所示。

表 10-6　前 50 个主题词横跨多主题的统计分析

	1 个主题	2 个主题	3 个主题
Sentence-LDA	341/228 (66.9%)	341/42 (12.3%)	341/22 (6.5%)
LDA	303/179 (59.1%)	303/51 (16.8%)	303/27 (8.9%)

　　在 Sentence-LDA 模型下,共有 341 个独立的单词,而基于 LDA 模型计算的情况下,则只有 303 个单词。独立出现在一个主题中的单词比例,前者比后者高约 7%,在横跨 2 或者 3 个主题的主题词比例上,均低 2 到 4 个百分点。这表示前者对于跨主题的关键词处理效果更好。

10.7　小结

　　在本章通过两个项目介绍了主题建模,第一个项目利用简单的方法从 PDF 文档中提取文本,在文档上进行主题建模和摘要。展示了如何将机器学习应用于法律部门,如本文所述,可以在处理文档之前提取文档的主题和摘要。拓展一下,该项目还可以针对小说、教科书等章节提取摘要,并且已经证明该方法是有效的；第二个项目在标准 LDA 的基础上，通过针对特定的网评留言文本信息特征，引入了句子特征，并通过脉络图观察改进后的主题模型的效能。

　　现阶段，文本的主题建模在基于文本的搜索、推荐以及数据挖掘领域有着很广泛的应用。同时在实际应用中，因为应用环境的复杂性，对于不同类型的文本，例如长文本和短文本，用同一种文本关键词提取方法得到的效果并相同。因此，在实际应用中针对不同的条件环境所采用的算法会有所不同，没有某一类算法在所有的环境下都有很好的效果。

　　相对于上文中所提到的算法，一些组合算法在工程上被大量应用以弥补单一算法的不足，例如将 TF-IDF 算法与 TextRank 算法相结合，或者综合 TF-IDF 与词性得到关键词等。同时，工程上对于文本的预处理以及文本分词的准确性也有很大的依赖。对于文本的错别字，变形词等信息，需要在预处理阶段予以解决，分词算法的选择，未登录词以及歧义词的识别在一定程度上对于关键词提取会有很大的影响。

　　主题建模是一个看似简单，在实际应用中却十分棘手的任务，需要从现有算法的基础上针对具体问题进行工程优化，力争取得良好效果。

第11章　文本情感分析

11.1　情感分析技术

文本情感分析是自然语言处理研究的一个热点,是对带有情感色彩的主观性文本进行分析、处理、归纳和推理的过程。按照学者 LiuBing[26] 对情感的定义,情感表达由四个元素构成,分别是[Holder, Target, Polarity, Time],其中文本发表的时间通常可以使用简单的规则获取,因此情感分析的目标通常是从无结构的文本中自动分析出 Holder(观点持有人)、Target(评价对象)、Polarity(极性)三元素。Holder 是观点的发出者;Target 是该观点评价的对象(如实体或实体的属性,或者话题);Polarity 是所表达的情感类别,由于任务不同,情感类别体系会不同,通常包括褒贬、褒贬中、喜怒哀乐悲恐惊、情感打分(如 1～5 分)等分类体系。文本中的情感又分为显式情感及隐式情感,显式情感是指包含明显的情感词语(例如高兴、漂亮)情感文本,隐式情感是指不包含情感词语的情感文本,例如"这个桌子上面一层灰"。由于隐式情感分析难度比较大,比较依赖于背景知识及常识知识,目前许多工作集中在显示情感分析研究。

目前的情感分析研究可归纳为:情感资源构建、情感元素抽取、情感分类及情感分析应用系统,具体见图 11-1。

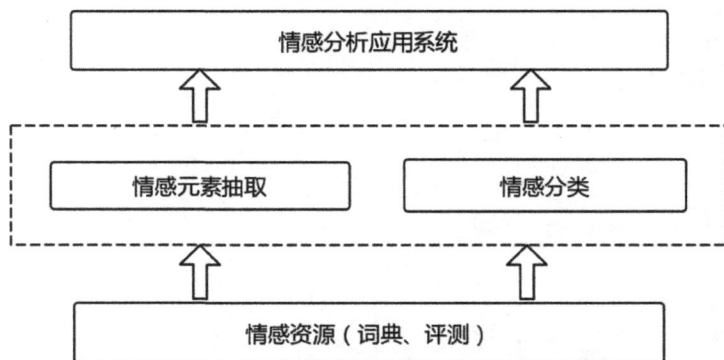

图 11-1　情感分析的研究归纳

情感分析是文本挖掘的重要基础分支，也是评论挖掘的关键技术，不管是买家还是卖家，首先都是想知道评论是说产品好还是不好，以及比例是多少。

情感分析是一种常见的自然语言处理方法的应用，特别是在以提取文本的情感内容为目标的分类方法中。通过这种方式，情感分析可以被视为利用一些情感得分指标来量化定性数据的方法。尽管情绪在很大程度上是主观的，但是情感量化分析已经有很多有用的实践，比如企业分析消费者对产品的反馈信息，或者检测在线评论中的差评信息。

最简单的情感分析方法是利用词语的正负属性来判定。句子中的每个单词都有一个得分，乐观的单词得分为＋1，悲观的单词则为－1。然后我们对句子中所有单词得分进行加总求和得到一个最终的情感总分。很明显，这种方法有许多局限之处，最重要的一点在于它忽略了上下文的信息。例如，在这个简易模型中，因为"not"的得分为－1，而"good"的得分为 ＋1，所以词组"not good"将被归类到中性词组中。但是"not good"通常是消极的。

这种方法适用于处理文档级或者句子级别的情感问题，其基于分词和情感词典，即可以根据人们平时的语言表达习惯设置一些规则来计算文本的情感倾向，比如每遇到一个正面情感词则＋1分，遇到负面情感词则－1分，遇到否定词则乘以－1将情感反转，遇到程度副词则将情感分数乘以一个放大系数。最后根据计算出的分数判断情感倾向，分数为正数则判断为正面情感，负数则判定为负面情感，正负相抵则判定为中性。基本计算过程如图 11-2 所示。

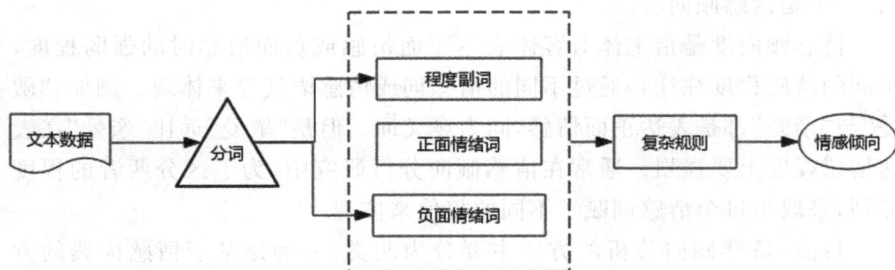

图 11-2　基于情感词的计算过程

在过去很长的一段时间里，主流情感分析算法都是基于机器学习算法，比如基于 Logistic Regression、SVM、随机森林等经典算法。机器学习可行的前提是要收集和标注训练数据集，然后提取特权和训练模型。但是，基于传统机器学习的情感分析方法也有一定的局限性，其效果主要取决于特征工程，即提取的特征是否能够很好地区别正面和负面情感。在相同的特征下,如果只使用简单分类器,那选择不同的分类算法,效果差别不会太大。要做好特征工程,非常依赖于人的先验知识,即需要我们对数据进行足够深入的观察和分析,把那些对区分正负面情感最有用的特征一个一个找出来。特征工程也需要依赖情感词典和规则方法。

总体而言,传统的机器学习方式还是比较费时费力的。普遍应用的词袋模型隐含了一个假设,即词语之间的语义是相互独立的,因而丢失了文本的上下文信息。但真实情况往往并非如此,同一个词语在不同的语义环境下是可以具有不同语义的。词袋模型还会导致向量空间特别大,一般都是数十万维。对于评论这种短文本,转换成的向量会特别稀疏,也造成了模型的不稳定性。

11.1.1　早期的方法

情感倾向方向也称为情感极性。它是对带有情感色彩的主观性文本进行分析、处理、归纳和推理的过程,在微博中,可以理解为用户对某客体表达自身观点所持的态度是支持、反对、中立,即通常所指的正面情感、负面情感、中性情感。例如"赞美"与"表扬"同为褒义词,表达正面情感,而"龌龊"与"丑陋"就是贬义词,表达负面情感。

从电商平台评论文本中分析用户对"数码相机"的"变焦、价格、大小、重量、闪光、易用性"等属性的情感倾向,可认为是主体对某一客体主观存在的内心喜恶,内在评价的一种倾向。它由两个方面来衡量:一个情感倾向方向,一个是情感倾向度。

情感倾向度是指主体对客体表达正面情感或负面情感时的强弱程度,不同的情感程度往往是通过不同的情感词或情感语气等来体现。例如:"敬爱"与"亲爱"都是表达正面情感,同为褒义词。但是"敬爱"远比"亲爱"在表达情感程度上要强烈。通常在情感倾向分析研究中,为了区分两者的程度差别,采取给每个情感词赋予不同的权值来体现。

目前,情感倾向分析的方法主要分为两类:一种是基于情感词典的方法;另一种是基于机器学习的方法,如基于大规模语料库的机器学习。前者需要用到标注好的情感词典,英文的词典有很多,中文主要有知网整理的情感词典 HowNet 和台湾大学整理发布的 NTUSD 两个情感词典[27],还有哈工大信息检索研究室开源的《同义词词林》[28]可以用于情感词典的扩充。基于机器学习的方法则需要大量的人工标注的语料作为训练集,通过提取文本特征,构建分类器来实现情感的分类。

文本情感分析的分析粒度可以是词语、句子也可以是段落或篇章。段落篇章级情感分析主要是针对某个主题或事件进行倾向性判断,一般需要构建对应事件的情感词典,如电影评论的分析,需要构建电影行业自己的情感词典效果会比通用情感词典效果更好;也可以通过人工标注大量电影评论来构建分类器。句子级的情感分析大多是通过计算句子里包含的所有情感词的平均值来得到。篇章级的情感分析,可以通过聚合篇章中所有的句子的情感倾向来计算得出。

11.1.2　基于深度学习的情感倾向性计算

近年来,深度学习算法被应用到了自然语言处理领域,获得了比传统模型更优秀的成果。如 Bengio 等学者基于深度学习的思想构建了神经概率语言模型,并进一步利用各种深层神经网络在大规模英文语料上进行语言模型的训练,得到了较好的语义表征,完成了句法分析和情感分类等常见的自然语言处理任务,为大数据时代的自然语言处理提供了新的思路。

相比于传统机器学习方法,深度学习有 3 大优势:

★无须特征工程

无须特征工程:深度学习可以自动从数据中学习出特征和模型参数,省去了大量繁杂的特征工程工作,对行业先验知识的依赖也降低到最小限度。

★考虑语义上下文

考虑语义上下文:深度学习在处理文本数据的时候,往往是先把词语转成词向量再进行计算,词向量的生成考虑了一个词语的语义上下文信息,也就解决了词袋模型的局限性。

★大幅减少输入特征维度

大幅减少输入特征维度:由于使用了词向量,特征维度大幅减少,同时也使得文本向量变得"稠密",模型变得更加稳定。

Google 的 word2vec 算法是目前应用最广泛的词向量生成算法,实践证明其效果是非常可靠的,尤其是在衡量两个词语的相似度方面。Word2vec 算法包含了 CBOW(Continuous Bag-of-Word)模型和 Skip-gram (Continuous Skip-gram)模型。简单而言,CBOW 模型的作用是已知当前词 W_t 的上下文环境$(W_{t-2},W_{t-1},W_{t+1},W_{t+2})$来预测当前词,Skip-gram 模型的作用是根据当前词 W_t 来预测上下文$(W_{t-2},W_{t-1},W_{t+1},W_{t+2})$。因此,一次词向量事实上是基于词语的上下文来生成的,也就具备了词袋模型所不具备的表意能力。

词转成固定维度的词向量之后,一个文本可以形成一个矩阵,以矩阵作为输入的深度学习算法,首先在图像识别领域获得过成功的卷积神经网络

（CNN）。但 CNN 在文本挖掘领域的运用具有一定局限性，因其每层内部的节点之间是没有连接的，即又丢失了词与词之间的联系。前面已经多次强调，词语的上下文关系对文本挖掘是至关重要的，尤其对情感分析，情感词（"喜欢"）和否定词（"不"）、程度词（"很"）的搭配会对情感倾向产生根本性的影响。因此目前比较广泛使用的是 LSTM（Long Short-Term Memory，长短时记忆），LSTM 能够"记住"较长距离范围内的上下文对当前节点的影响。

注意力（Attension）模型最近几年在深度学习各个领域被广泛使用，无论是图像处理、语音识别还是自然语言处理的各种不同类型的任务中，都很容易遇到注意力模型的身影。传统的 CNN 在构建句对模型时，通过每个单通道处理一个句子，然后学习句子表达，最后一起输入到分类器中。这样的模型在输入分类器前句对间是没有相互联系的，作者们就想通过设计 Attention 机制将不同 CNN 通道的句对联系起来。

2015 年，Duyu Tang 等人[29] 在 EMNLP 会议中提出了一种层次神经网络的结构作篇章级别的情感分析方法，其首先是词语到句子级别的，利用词向量，通过 CNN 或者 LSTM，对一句话中的词抽取特征，生成句子表示（句向量）。然后是句子到文章级别的，一篇文章有多个句子，把它们看成是一个时间序列，在句向量的基础上，通过双向 LSTM 生成文本向量。最后，用 Softmax 作分类。

2016 年，WangY 等[30] 在 2016 EMNLP 的论文中也利用到了 Attention 模型，给定句子和相应 aspect，aspect level 的任务是判断所给句子在指定 aspect 上的情感倾向。本文主要是通过 attention 机制来捕获不同上下文信息对给定 aspect 的重要性，将 attention 机制与 LSTM 结合起来对句子进行语义建模，解决 aspect level 情感分析的问题，在实验数据集上取得了较好效果。

2016 年，Tang[31] 在 EMNLP 发表的论文中，将 memory network 的思想用在 Aspect-level 的情感分析上。通过上下文信息构建 memory，通过 attention 捕获对于判断不同 aspect 的情感倾向较重要的信息，将 content 信息和 location 信息结合起来学习 context weight 是一种比较适合 Aspect-level 的情感分析的方法，对模型性能有较大提升。在实验数据集上取得了较好的结果，和 RNN、LSTM 等神经网络模型相比，该文提出的模型更简单、计算更快。

Attention 在 NLP 中已经有广泛的应用。它有一个很大的优点是能以可视化 Attention 矩阵的方式来展示神经网络在进行任务时关注了哪些部分。

11.2 情感分析研究任务

情感分析任务和其他自然语言处理任务一样,首先需要资源的支持,在此基础上,开展情感分析元素抽取以及文本情感分类工作,下面我们将进行简要介绍。

11.2.1 文本情感资源构建

情感资源一般包括情感词典和情感语料库。

目前人工构建情感词典较多的是收集了褒贬情感词的词典,如哈佛大学 GI(General Inquiry)情感词典、匹兹堡大学提供的 OpinionFinder 主观情感词典、伊利诺伊大学 Bing Liu 提供的词典资源,而对于喜、怒、哀、乐、悲、恐、惊等情感相应的词典还比较少,英语中主要有 WordNet-Affect,随后有不少学者基于 WordNet-Affect 又陆续扩展到其他语言。由于是人工构建,上述词典规模基本都在几千词范围内。在中文方面,大连理工大学的情感词汇本体将情感分为七个基本大类和二十一个小类,收录情感词语 27466 条。

可以看到,人工构建词典需要较大的代价,规模也会受限。人们开始研究自动构建情感词典的方法,已有方法一般分为两种:基于词典资源和基于语料库的方法。在 11.3 中,将介绍自动构建情感词典的方法。

值得一提的是,情感分析的语料库和相关评测也对推动情感分析的进步至关重要。国际 TREC、NTCIR,SemEval 组织的面向不同任务的情感分析评测以及国内中文信息学会及中国计算机学会相继连续举办中文情感分析评测,促进同行的交流和学习,同时针对不同情感分析任务提供了大量的人工标注语料库。当然,人工标注语料库的领域、规模都会受到一定限制。利用 distant supervision 方法从评论网站(如 Yelp、IMDB)或社交媒体上(如 Twitter)自动获取的情感分析语料库[8],为在不同领域、不同任务上开展情感分析研究提供了语料库的支持。

需要指出,无论是自动构建词典还是自动构建语料库,都扩大了情感分析的研究领域,但是由于规模较大,无法直接评估其质量,需要通过具体任务体现。

11.2.2 情感元素抽取

情感元素抽取旨在抽取文本中的评价发出者、评价对象和情感表达,也称为细粒度情感分析。

评价发出者是文本中观点/评论的隶属者。很自然的,人们会想到评论发布者一般是由命名实体(如人名、机构名)组成,因此早期的研究工作尝试使用命名实体识别和语义角色标注技术来获取观点持有者。也有很多学者将评价发出者的抽取定义为分类任务,这种方法的关键在于分类器和特征的选取。例如,Choi 使用 CRF 模型和抽取模板及各种特征在 MPQA 数据集上来识别句子中评价的来源。

评价对象和评价表达抽取是情感元素抽取任务的核心。评价对象是指文本中被讨论的主题,具体表现为文本中评价表达所修饰的对象;评价表达抽取主要针对显式情感表达的文本,是指文本中代表情绪、情感、意见或其他个人状态的主观表述,通常以词语或短语形式出现,如"非常漂亮""不高兴"。由于评价对象和评价表达是紧密联系的,并且可以按照序列标注任务进行识别,尽管两者可以作为独立的任务,但采用联合识别模型会更好地结合两者的信息。目前用来抽取评价表达和评价对象的方法主要分为两种:基于句法规则匹配的方法和基于机器学习的有指导学习算法。有学者采用一种称为双向传播(double propagation)的算法,通过使用依存句法分析器获取情感词与评价对象的关系,并在两者之间传播信息,在迭代过程中对种子情感词进行 Bootstraping 来扩充情感词典并抽取出评价对象。基于机器学习的有指导学习算法通常将评价表达和评价对象抽取看成字符级别的序列标注问题。具有代表性的机器学习的算法包括基于特征的 CRF 序列标注算法和基于神经网络的序列标注算法。由于前者通常依赖专家撰写的特征模板、外部情感词典资源,领域通用性受限,基于神经网络的表示学习算法受到了越来越多的关注。

需要注意的是,在实际的文本语料中,评价对象省略现象,情感的隐晦表达,都会给情感元素的抽取工作带来挑战,需要自然语言处理技术中的指代消解、隐式情感分析技术等支持。

11.2.3 文本情感分类

文本情感分类的目的是判断给定句子或篇章的情感类别,也称为粗粒度情感分析。文本情感分类是情感分析的最终目标,通常可以在情感元素抽取的基础上进行句子或篇章的情感分类。近年来,由于深度学习的兴起,可以越过情感元素的抽取过程,避免级联错误,使端到端的情感分析成为可能。

已有的研究工作可以大体分为基于情感词典和基于特征学习方法,我们将分别从这两个角度介绍已有的相关工作。顾名思义,基于情感词典的方法通常利用情感词或情感短语及情感反转、加强等规则判断句子的情感极性。

基于特征学习的方法是近年来句子级和篇章级情感分类的主流方法，众多学者利用基于特征的机器学习算法解决情感分类，并设计复杂的特征以提高情感分类的性能。由于手工设计特征很耗时并且依赖于专家知识，越来越多的学者尝试自动地从数据中学习文本的特征表示。基于神经网络的语义组合算法被验证是一种非常有效的特征学习手段。

随着社交媒体的日益发展，用户在社交媒体上更侧重于喜怒哀乐多类别情感表达，由于多类别情感语料分布不均衡给情感分析带来一定困难，尽管采取了一些解决方案，但是多元分类在分类性能上不及褒贬分类。

11.3　情感词典自动扩充方法

基于情感词典的文本情感分类，是对人的记忆和判断思维的最简单的模拟。可以通过以下几个步骤实现基于情感词典的文本情感分类：预处理、分词、训练情感词典、判断，整个过程可以如图 11-3 所示。

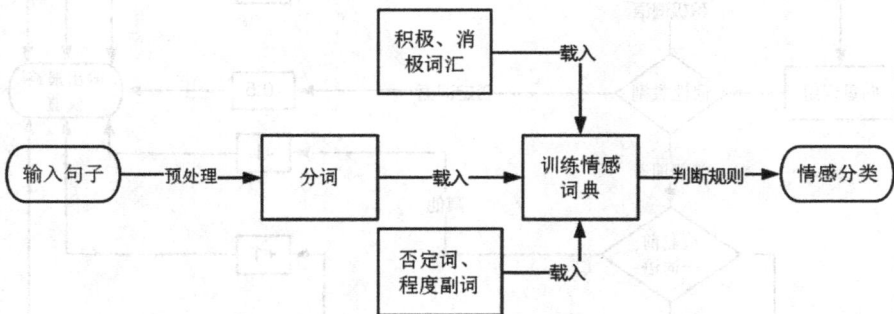

图 11-3　情感计算流程

一般来说，词典是文本挖掘最核心的部分，对于文本情感分类也不例外。情感词典分为四个部分：积极情感词典、消极情感词典、否定词典以及程度副词词典。为了得到更加完整的情感词典，我们从网络上收集了若干个情感词典，并且对它们进行了整合同时对部分词语进行了调整，以达到尽可能高的准确率。

在测试过程中，有针对性和目的性地对词典进行了去杂、更新。加入某些行业词汇，以增加分类中的命中率。不同行业某些词语的词频会有比较大的差别，而这些词有可能是情感分类的关键词之一。比如，若评论数据是有关餐饮的，在这个行业中，"吃"和"喝"这两个词出现的频率会相当高，而且通常是对饮食的正面评价,而"不吃"或者"不喝"通常意味着对饮食的否定评价,而在其他行业或领域中,这几个词语则没有明显情感倾向。另外一个例子是手机行业的,比如"这手机很耐摔啊,还防水","耐摔""防水"就是在手机这个领域有积极情绪的词。因此,有必要将这些因素考虑进模型之中。

基于情感词典的文本情感分类规则比较机械化。简单起见,将每个积极情感词语赋予权重1,将每个消极情感词语赋予权重−1,并且假设情感值满足线性叠加原理。然后将句子进行分词,如果句子分词后的词语向量包含相应的词语,就加上向前的权值,其中,否定词和程度副词会有特殊的判别规则,否定词会导致权值反号,而程度副词则让权值加倍。最后,根据总权值的正负性来判断句子的情感。基本的算法如图 11-4 所示。

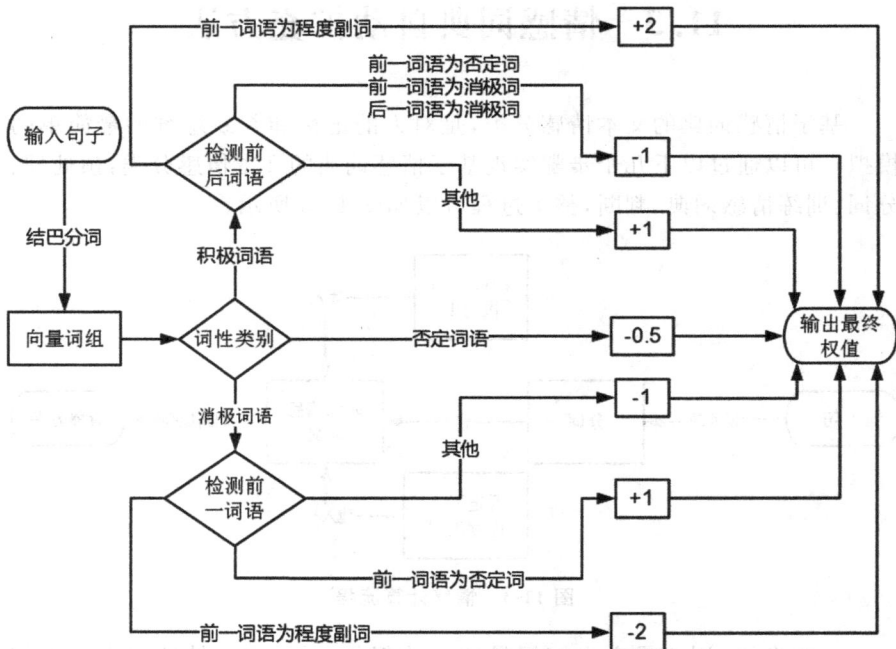

图 11-4 详细处理过程

要说明的是,为了编程和测试的可行性,作了几个假设简化。假设一:假设所有积极词语、消极词语的权重都是相等的,这只是在简单的判断情况下成立,更精准的分类显然是不成立的,比如"恨"要比"讨厌"来得严重;修正这个缺陷的方法是给每个词语赋予不同的权值。假设二:假设权值是线性叠加的,这在多数情况下都会成立,而在接下来的内容中,会引入非线性,以增强准确性。假设三:对于否定词和程度副词的处理,仅仅是作了简单的取反和加倍,而事实上,各个否定词和程度副词的权值也是不一样的,比如

"非常喜欢"显然比"挺喜欢"程度深,但对此并没有区分。

评论语料集的数据特征如表 11-1 所示。

表 11-1　测试语料的数据特征

数据内容	正样本数	负样本数	准确率	真正率	真负率
电商评论	1005	1170	0.8202	0.8209	0.8197

可以初步认为模型正确率达到了 80％以上。另外,一些比较成熟的商业化程序,它的正确率也只有 85％到 90％(如 BosonNLP)。这说明这个简单的模型确实已经达到了让人满意的效果。文本情感分类工作实际上是对人脑思维的模拟。本小节所述,实际上是对此进行简单的模拟。真正的情感判断并不是一些简单的规则,而是一个复杂的网络。

在判断一个句子的情感时,不仅仅在想这个句子是什么情感,而且还会判断这个句子的类型(祈使句、疑问句还是陈述句);当在考虑句子中的每个词语时,不仅仅关注其中的积极词语、消极词语、否定词或者程度副词,会关注每一个词语(主语、谓语、宾语等),从而形成对整个句子整体的认识;甚至还会联系上下文对句子进行判断。这些判断可能是无意识的,但大脑确实做了这个事情,以形成对句子的完整认识,才能对句子的感情作出准确的判断。所以,我们提出如下几个改进措施。

(1)非线性特征的引入

所谓非线性,指的是词语之间的相互组合形成新的语义。事实上,我们的初步模型中已经简单地引入了非线性——在前面的模型中,我们将积极词语和消极词语相邻的情况,视为一个组合的消极语块,赋予它负的权值。更精细的组合权值可以通过"词典矩阵"来实现,即我们将已知的积极词语和消极词语都放到同一个集合来,然后逐一编号,通过如下的"词典矩阵",表 11-2,来记录词组的权值。

表 11-2　词典矩阵表

词语	(空词)	喜欢	爱	…	讨厌	…
(空词)	0	1	2	…	-1	…
喜欢	1	2	3	…	-2	…
爱	2	3	4	…	-2	…
…				…		…
讨厌	-1	-2	-3	…	-2	…
…	…	…	…	…	…	…

并不是每一个词语的组合都是成立的,但依然可以计算它们之间的组合权值,情感权值的计算可以阅读参考文献。然而,情感词语的数目相当大,而词典矩阵的元素个数则是其平方,其数据量是相当可观的,因此,这已经初步进入大数据的范畴。为了更加高效地实现非线性,需要探索组合词语的优化方案,包括构造方案和储存、索引方案。

(2)情感词典的自动扩充

整理的情感词典中,不可能完全包含已有的情感词语。因此,自动扩充情感词典是保证情感分类模型时效性的必要条件。目前,通过网络爬虫等手段,可以从微博、社区中收集到大量的评论数据,为了从这大批量的数据中找到新的具有情感倾向的词语,因此,工作思路是无监督学习式的词频统计。

目标是"自动扩充",因此要达到的目的是基于现有的初步模型来进行无监督学习,完成词典扩充,从而增强模型自身的性能,然后再以同样的方式进行迭代,这是一个正反馈的调节过程。虽然可以从网络中大量抓取评论数据,但是这些数据是无标注的,要通过已有的模型对评论数据进行情感分类,然后在同一类情感(积极或消极)的评论集合中统计各个词语的出现频率,最后将积极、消极评论集的各个词语的词频进行对比。某个词语在积极评论集中的词频相当高,在消极评论集中的词频相当低,那么我们就有把握将该词语添加到消极情感词典中,或者说,赋予该词语负的权值。

举例说,假设我们的消极情感词典中并没有"黑心"这个词语,所以"这家店铺真黑心!"就只会被判断为中性(即权值为 0)。分类完成后,对所有词频为正和为负的分别统计各个词频,发现,新词语"黑心"在负面评论中出现很多次,但是在正面评论中几乎没有出现,那么就将"黑心"这个词语添加到我们的消极情感词典中,然后更新分类结果,如表 11-3 所示:

表 11-3　更新后的分类结果

句子	权值
这个黑心老板太可恶了	－3
我很反感这黑心企业的做法	－3
讨厌这家黑心店铺	－3
这家店铺真黑心	－2

于是通过无监督式的学习扩充了词典,同时提高了准确率,增强了模型的性能。这是一个反复迭代的过程,前一步的结果可以帮助后一步的进行。

基于情感词典的技术重点分析文本中出现的情感词、同时关联该词附近的修饰词来最终表达句子的情感倾向。在句子结构复杂、无情感词出现但有明显情感倾向的情况下,基于词典的方法就会失效。因此,可以考虑从句子结构、词频、词序等方面构建更多特征,使用机器学习方法来解决这一类的问题。最终综合多个模型来表达最终的结果。

11.4　情感分析模型设计

11.4.1　网评文本中的情感

情感分析的对象除了上一小节提到的文档,还广泛应用在针对电商平台中的网评信息,通过挖掘网评信息中的句子,分析用户对于产品或服务的不同侧面(一般称为 Aspect)的情感倾向性。

基于 Aspect 的情感分析指的是挖掘句子中涉及的 Aspect,以及对每个 Aspect 表现出来的情感。一般分成两个部分:Aspect 识别,可以是 Aspect 词提取或者 Aspect 分类;Aspect 的情感识别。Aspect 词提取指的是从原文本中直接提取涉及的 Aspect 的单词或词组,而 Aspect 分类指的是为每个领域预定义 Aspect 种类,然后对每个句子进行分类,可以属于一个或多个 Aspect,也可以不属于任何 Aspect。如果在判断 sentiment 时并不考虑针对 Aspect 的信息,这样导致分类不正确,因为同一个形容词对不同 Aspect 或在不同领域形容不同的 Aspect 时表达的情感是不一样的,比如,在 restaurant 领域,cheap 在形容 food 时是 positive 的,但形容 ambience 时表达的是 negative。所以在处理评论语料的情感任务中,需要考虑 Aspect 和 sentiment 信息之间的交互。

2004 年,Hu 在“*Mining and summarizing customer reviews*”中提出了 Aspect 词提取以及情感判断问题。需要对所有的单词标注词性,并且认为 feature 是名词或者名词短语。通过关联聚类的方法,提取预料中经常出现的名词或者名词短语。但是根据频率提取 Aspect 词有如下缺点:并不是所有的 Aspect 以名词或者名词短语的形式出现,比如 It is tasty,其中 Aspect 是通过 tasty 表示,而 tasty 是形容词;其次,对于一个名词表示的 Aspect,通过频率容易得到,但是如果 Aspect 是由多个低频的名词组合在一起的时候,频率方法并不非常有效,比如 food 包含各种鱼类;有的 Aspect 在文本中并不直接提及,是以抽象方式表述的,比如谈论 ambience 时可以不涉及任何名词。

11.4.2　概率模型

据目前了解,Joint Sentiment/Topic model(JST)[32]是第一个无监督概率模型能够同时检测主题和情感。该作者通过添加附加的情感扩展了LDA模型。图 11-5 是 JST 模型的示意图。

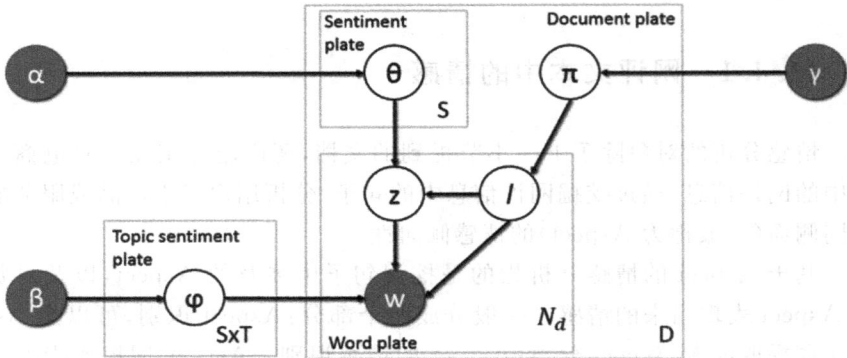

图 11-5　JST 模型

图中的 S 表示情感标签的数量,s 表示某个单词的情感倾向,JST 模型的产生过程如下:

(1)For each document d:

　　a. Draw sentiment distribution $\eta_d \sim Dirichlent(\delta)$

　　b. For each sentiment s:

　　　　i. Draw topic-sentiment distribution $\theta_{d,s} \sim Dirichlet(\alpha)$

(2)For each word w_i in document d:

　　a. Draw sentiment $s_i \sim \eta_d$

　　b. Draw topic $z_i \sim \theta_d$

　　c. Draw word $w_i \sim \varphi_{z,s}$

2011 年,Jo 和 Oh 在"*Aspect and Sentiment Unification Model*"文[33]中,注意到基于 JST,能够从不同的语言模型中产生独立的单词,他们的解释是如果某个句子中的单词都从同一个模型中产生,那么每个模型都会趋于集中产生一个文档中的单词。因此他们设计了 ASUM(Aspect Sentiment Unification Model)模型,如下是其过程:

(1)For every pair of sentiment s and aspect z, draw a word distribution $\varphi_{sz} \sim Dirichlet(\beta_s)$

（2）For each document d：

　　a. Draw the document's sentiment distribution $\pi_d \sim Dirichlet(\gamma)$

　　b. For each sentiment s，draw an aspect distribution $\theta_{ds} \sim Dirichlet(\alpha)$

　　c. For each sentence，

　　　　i. Choose a sentiment $j \sim Multinomail(\pi_d)$

　　　　ii. Given sentiment j，choose an aspect $k \sim Multinomial(\theta_{dj})$

　　　　iii. Generate words $w \sim Multinomial(\varphi_{jk})$

图 11-6 表示了其与 JST 模型的对比示意图。图中的 M 为句子的数量。

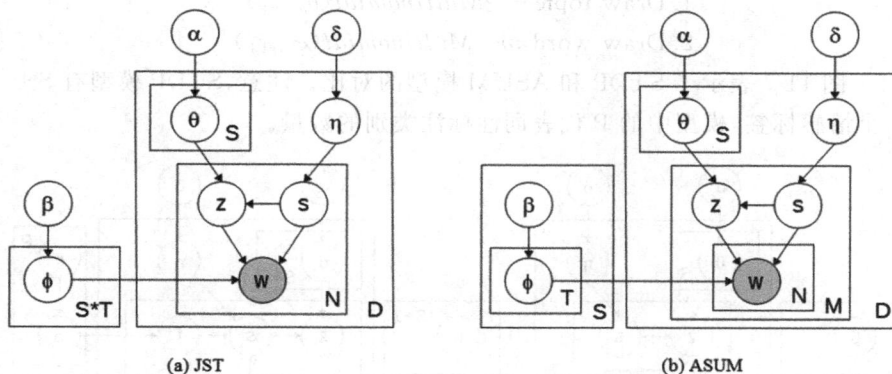

(a) JST　　　　　　　　　　　(b) ASUM

图 11-6　JST 与 ASUM 的图形表示对比

2013 年，Li 等人在"*Sentiment Topic Model with Decomposed Prior*"文中指出 ASUM 模型中的预先假设即句子中的每个单词表示同一类主题，且情感过于硬化。进一步注意到并不是每个单词都有情感倾向性。所以，提出了 STDP(Sentiment Topic Model with Decomposed Prior)模型，消除了句子级的约束，介绍了一种基于词性标注的单词情感概率计算模型。STDP 的建模过程如下：

（1）For every pair of sentiment s and topic z：

　　a. Draw $\varphi_{sz} \sim Dirichlet(\beta_{sz})$

（2）For every topic z：

　　a. Draw $\varphi_{z,s+1} \sim Dirichlet(\beta_{z,s+1})$

（3）For each POS group p：

　　a. Draw $\rho \sim Beta(\varepsilon_p)$

（4）For each document d：

　　a. Draw sentiment distribution $\eta_d \sim Dirichlent(\delta)$

　　b. For each $s \in \{0,\cdots,s+1\}$：

i. Draw topic distribution $\theta_{d,s} \sim Dirichlet(\alpha)$

c. For each word w in d：

ii. Draw sentiment/non-sentiment indicator $f \sim Bernoulli(\rho_p)$

iii. if f = true：

1. Draw sentiment $s \sim Multinomial(\eta_d)$

2. Draw topic $z \sim Multinomial(\theta_{d,s})$

3. Draw word $w \sim Multinomial(\varphi_{z,s})$

iv. else：

1. Draw topic $z \sim Multinomial(\theta_{d,s+1})$

2. Draw word $w \sim Multinomial(\varphi_{z,s+1})$

图 11-7 表示了 STDP 和 ASUM 模型的对比。注意，STDP 模型有 S+1 个情感标签，模型中的 P 代表词性标注类别的数量。

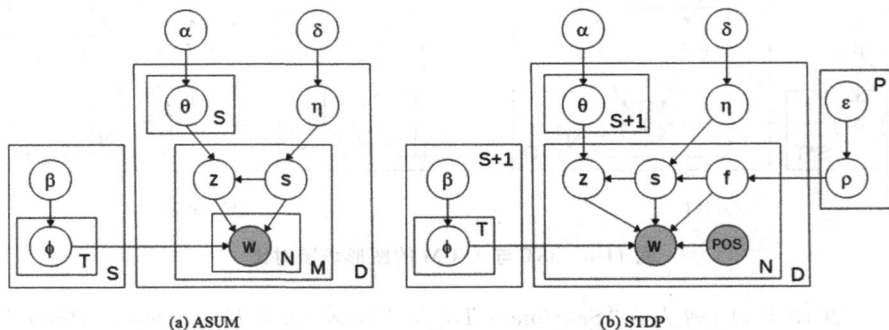

(a) ASUM　　**(b) STDP**

图 11-7　ASUM 和 STDP 模型的图形表示对比

11.4.3　酒店评论的情感分析

本小结采用机器学习方法实现对酒店评论数据的情感分类，基于机器学习的方法利用机器学习算法训练已标注情感类别的训练数据集训练分类模型，再通过分类模型预测文本所属情感分类。利用 Python 语言实现情感分类模型的构建和预测，旨在通过实践一步步了解、实现中文情感极性分析，通过简单的示例介绍如何通过训练模型来自动判断某个新的输入评价是好评（5 分）还是差评（1 分）。

1. 所需类库

本实例代码的实现使用到了多个著名的第三方模块，其中部分模块在前面章节的示例中已经提到。主要模块如下所示：

（1）Jieba 目前使用最为广泛的中文分词组件。

下载地址：https：//pypi. python. org/pypi/jieba/

（2）Gensim 用于主题模型、文档索引和大型语料相似度索引的 python 库，主要用于自然语言处理（NLP）和信息检索（IR）。

下载地址：https：//pypi. python. org/pypi/gensim

本实例中的维基中文语料处理和中文词向量模型构建需要用到该模块。

（3）Pandas 用于高效处理大型数据集、执行数据分析任务的 python 库，是基于 Numpy 的工具包。

下载地址：https：//pypi. python. org/pypi/pandas/0. 20. 1

（4）Numpy 用于存储和处理大型矩阵的工具包。

下载地址：https：//pypi. python. org/pypi/numpy

（5）Scikit-learn 用于机器学习的 python 工具包，python 模块引用名字为 sklearn，安装前还需要 Numpy 和 Scipy 两个 Python 库。

官网地址：http：//scikit-learn. org/stable/

（6）Matplotlib Matplotlib 是一个 python 的图形框架，用于绘制二维图形。

下载地址：https：//pypi. python. org/pypi/matplotlib

（7）Tensorflow Tensorflow 是一个采用数据流图用于数值计算的开源软件库，用于人工智能领域。

官网地址：http：//www. tensorfly. cn/

下载地址：https：//pypi. python. org/pypi/tensorflow/1. 1. 0

2. 数据获取

（1）停用词词典。本文使用中科院计算所中文自然语言处理开放平台发布的中文停用词表，包含了 1208 个停用词。

下载地址：http：//www. hicode. cc/download/view-software-13784. html

（2）正负向语料库。文本从 http：//www. datatang. com/data/11936 下载"有关中文情感挖掘的酒店评论语料"作为训练集与测试集，该语料包含了 4 种语料子集，本文选用正负各 1000 的平衡语料（ChnSentiCorp_htl_ba_2000）作为数据集进行分析。

3. 数据预处理

（1）正负向语料预处理

下载并解压 ChnSentiCorp_htl_ba_2000. rar 文件，得到的文件夹中包含 neg（负向语料）和 pos（正向语料）两个文件夹，而文件夹中的每一篇评论为一个 txt 文档,为了方便之后的操作,需要把正向和负向评论分别规整到对应的一个 txt 文件中,即正向语料的集合文档(命名为 2000_pos. txt)和负向语料的集合文档(命名为 2000_neg. txt)。具体 Python 实现代码如下所示:

```python
# ! /usr/bin/env python
# - * - coding: utf- 8 - * -
# 将原始数据合并到一个 txt 文件

import logging
import os,os.path
import codecs,sys


# 读取文件内容
def getContent(fullname):
    f = codecs.open(fullname, 'r')
    content = f.readline()
    f.close()
    return content


if __name__ == '__main__':
    program = os.path.basename(sys.argv[0])# 得到文件名
    logger = logging.getLogger(program)
    logging.basicConfig(format= '% (asctime)s: % (levelname)s: % (message)s')
    logging.root.setLevel(level= logging.INFO)


    # 输入文件目录
    inp = 'data\ChnSentiCorp_htl_ba_2000'
    folders = ['neg','pos']


    for foldername in folders:
        logger.info("running "+ foldername + " files.")


        outp = '2000_' + foldername + '.txt' # 输出文件
        output = codecs.open(outp, 'w')
        i = 0


        rootdir = inp + '\\' + foldername
        # 三个参数:分别返回 1.父目录 2.所有文件夹名字(不含路径) 3.所有文
件名字
```

```
for parent,dirnames,filenames in os.walk(rootdir):
    for filename in filenames:
        content =  getContent(rootdir +  '\\' +  filename)
        output.writelines(content)
        i =  i+ 1

output.close()
logger.info("Saved "+ str(i)+ " files.")
```

运行完成后得到 2000_pos. txt 和 2000_neg. txt 两个文本文件,分别存放正向评论和负向评论,每篇评论为一行。

(2)中文文本分词

本文采用 jieba 分词分别对正向语料和负向语料进行分词处理。特别注意,在执行代码前需要把 txt 源文件手动转化成 UTF-8 格式,否则会报中文编码的错误。在进行分词前,需要对文本进行去除数字、字母和特殊符号的处理,使用 python 自带的 string 和 re 模块可以实现,其中 string 模块用于处理字符串操作,re 模块用于正则表达式处理。具体实现代码如下所示:

```
# ! /usr/bin/env python
# - * - coding: utf- 8 - * -
# 逐行读取文件数据进行 jieba 分词
import jieba
import jieba.analyse
import codecs,sys,string,re
# 文本分词
def prepareData(sourceFile,targetFile):
    f =  codecs.open(sourceFile, 'r', encoding= 'utf- 8')
    target =  codecs.open(targetFile, 'w', encoding= 'utf- 8')
    print 'open source file: '+  sourceFile
    print 'open target file: '+  targetFile

    lineNum =  1
    line =  f.readline()
    while line:
        print '- - - processing ',lineNum,' article- - - '
        line =  clearTxt(line)
        seg_line =  sent2word(line)
        target.writelines(seg_line +  '\n')
```

```
            lineNum = lineNum + 1
            line = f.readline()
      print 'well done.'
      f.close()
      target.close()
```

```
# 清洗文本
def clearTxt(line):
    if line != '':
        line = line.strip()
        intab = ""
        outtab = ""
        trantab = string.maketrans(intab, outtab)
        pun_num = string.punctuation + string.digits
        line = line.encode('utf-8')
        line = line.translate(trantab,pun_num)
        line = line.decode("utf8")
        # 去除文本中的英文和数字
        line = re.sub("[a-zA-Z0-9]","",line)
        # 去除文本中的中文符号和英文符号
        line = re.sub("[\s+\.\!\/_,MYM%^*(+\"\';:""".]+|[+——!,。??、~@#￥%……&*()]+".decode("utf8"),"",line)
    return line
```

```
# 文本切割
def sent2word(line):
    segList = jieba.cut(line,cut_all= False)
    segSentence = ''
    for word in segList:
        if word != '\t':
            segSentence += word + " "
    return segSentence.strip()
```

```
if __name__ == '__main__':
    sourceFile = '2000_neg.txt'
    targetFile = '2000_neg_cut.txt'
    prepareData(sourceFile,targetFile)

    sourceFile = '2000_pos.txt'
```

```
targetFile = '2000_pos_cut.txt'
prepareData(sourceFile,targetFile)
```

处理完成后,得到 2000_pos_cut.txt 和 2000_neg_cut.txt 两个 txt 文件,分别存放正负向语料分词后的结果。

(3)去停用词

分词完成后,即可读取停用词表中的停用词,对分词后的正负向语料进行匹配并去除停用词。去除停用词的步骤非常简单,主要有两个:

①读取停用词表;

②遍历分词后的句子,将每个词丢到此表中进行匹配,若停用词表存在则替换为空。

```
# ! /usr/bin/env python
# - * - coding: utf- 8 - * -
# 去除停用词
import codecs,sys

def stopWord(sourceFile,targetFile,stopkey):
    sourcef = codecs.open(sourceFile, 'r', encoding= 'utf- 8')
    targetf = codecs.open(targetFile, 'w', encoding= 'utf- 8')
    print 'open source file: '+ sourceFile
    print 'open target file: '+ targetFile
    lineNum = 1
    line = sourcef.readline()
    while line:
        print '- - - processing ',lineNum,' article- - - '
        sentence = delstopword(line,stopkey)
        # print sentence
        targetf.writelines(sentence + '\n')
        lineNum = lineNum + 1
        line = sourcef.readline()
    print 'well done.'
    sourcef.close()
    targetf.close()

# 删除停用词
def delstopword(line,stopkey):
    wordList = line.split(' ')
    sentence = ''
```

```
for word in wordList:
    word =  word.strip()
    if word not in stopkey:
        if word ! =  '\t':
            sentence + =  word +  " "
return sentence.strip()

if __name__ = =  '__main__':
    stopkey =  [w.strip() for w in codecs.open('data\stopWord.txt', 'r', enco-
ding= 'utf- 8').readlines()]

    sourceFile =  '2000_neg_cut.txt'
    targetFile =  '2000_neg_cut_stopword.txt'
    stopWord(sourceFile,targetFile,stopkey)

    sourceFile =  '2000_pos_cut.txt'
    targetFile =  '2000_pos_cut_stopword.txt'
    stopWord(sourceFile,targetFile,stopkey)
```

　　读取出的每一个停用词必须要经过去符号处理即 w. strip()，因为读取出的停用词还包含有换行符和制表符，如果不处理则匹配不上。代码执行完成后，得到 2000_neg_cut_stopword. txt 和 2000_pos_cut_stopword. txt 两个 txt 文件。

　　由于去停用词的步骤是在句子分词后执行的，因此通常与分词操作在同一个代码段中进行，即在句子分词操作完成后直接调用去停用词的函数，并得到去停用词后的结果，再写入结果文件中。本文是为了便于步骤的理解将两者分开为两个代码文件执行，各位可根据自己的需求进行调整。

　　（4）获取特征词向量

　　根据以上步骤得到了正负向语料的特征词文本，而模型的输入必须是数值型数据，因此需要将每条由词语组合而成的语句转化为一个数值型向量。常见的转化算法有 Bag of Words、TF-IDF、Word2Vec。本文采用 Word2Vec 词向量模型将语料转换为词向量，该模块提供了将不定长的文本映射到维度大小固定的向量的功能。

　　由于特征词向量的抽取是基于已经训练好的词向量模型，而 wiki 中文语料是公认的大型中文语料，本文拟从 wiki 中文语料生成的词向量中抽取本文语料的特征词向，从文章最后得到的 wiki. zh. text. vector 中抽取特征词向量作为模型的输入。

　　获取特征词向量的主要步骤如下：

①读取模型词向量矩阵;

②遍历语句中的每个词,从模型词向量矩阵中抽取当前词的数值向量,一条语句即可得到一个二维矩阵,行数为词的个数,列数为模型设定的维度;

③根据得到的矩阵计算矩阵均值作为当前语句的特征词向量;

④全部语句计算完成后,拼接语句类别代表的值,写入 csv 文件中。

主要代码如下图所示:

```python
# ! /usr/bin/env python
# - * - coding: utf- 8 - * -
# 从词向量模型中提取文本特征向量
import warnings
warnings.filterwarnings (action= 'ignore', category= UserWarning, module= 'gensim')# 忽略警告
import logging
import os.path
import codecs,sys
import numpy as np
import pandas as pd
import gensim


# 返回特征词向量
def getWordVecs(wordList,model):
    vecs = []
    for word in wordList:
        word = word.replace('\n','')
        # print word
        try:
            vecs.append(model[word])
        except KeyError:
            continue
    return np.array(vecs, dtype= 'float')


# 构建文档词向量
def buildVecs(filename,model):
    fileVecs = []
    with codecs.open(filename, 'rb', encoding= 'utf- 8') as contents:
        for line in contents:
            logger.info("Start line: " + line)
            wordList = line.split(' ')
```

```
                    vecs = getWordVecs(wordList,model)
                    # print vecs
                    # sys.exit()
                    # for each sentence, the mean vector of all its vectors is used to
represent this sentence
                    if len(vecs) > 0:
                        vecsArray = sum(np.array(vecs))/len(vecs) # mean
                        # print vecsArray
                        # sys.exit()
                        fileVecs.append(vecsArray)
            return fileVecs


    if __name__ == '__main__':
        program = os.path.basename(sys.argv[0])
        logger = logging.getLogger(program)
        logging.basicConfig(format= '% (asctime)s: % (levelname)s: % (message)s',
level= logging.INFO)
        logger.info("running % s" % ' '.join(sys.argv))


        # load word2vec model
        fdir = '/Users/sy/Desktop/pyRoot/SentimentAnalysis/'
        inp = fdir + 'wiki.zh.text.vector'
        model = gensim.models.KeyedVectors.load_word2vec_format(inp, binary=
False)


        posInput = buildVecs(fdir + '2000_pos_cut_stopword.txt',model)
        negInput = buildVecs(fdir + '2000_neg_cut_stopword.txt',model)


        # use 1 for positive sentiment, 0 for negative
        Y = np.concatenate((np.ones(len(posInput)), np.zeros(len(negInput))))


        X = posInput[:]
        for neg in negInput:
            X.append(neg)
        X = np.array(X)


        # write in file
        df_x = pd.DataFrame(X)
        df_y = pd.DataFrame(Y)
```

```
data = pd.concat([df_y,df_x],axis = 1)
# print data
data.to_csv(fdir + '2000_data.csv')
```

代码执行完成后,得到一个名为 2000_data.csv 的文件,第一列为类别对应的数值(1-pos,0-neg),第二列开始为数值向量,每一行代表一条评论。

(5)降维

Word2vec 模型设定了 400 的维度进行训练,得到的词向量为 400 维,本文采用 PCA 算法对结果进行降维。具体实现代码如下所示:

```
# ! /usr/bin/env python
# - * - coding: utf- 8 - * -
# PCA SVM
import sys
import numpy as np
import pandas as pd
import matplotlib.pyplot as plt
from sklearn.decomposition import PCA
from sklearn import svm
from sklearn import metrics


# 获取数据 [1995 rows x 400 columns]
fdir = ''
df = pd.read_csv(fdir + '2000_data.csv')
y = df.iloc[:,1]
x = df.iloc[:,2:]


# PCA降维
## 计算全部贡献率
n_components = 400
pca = PCA(n_components= n_components)
pca.fit(x)
# print pca.explained_variance_ratio_


## PCA作图
plt.figure(1, figsize= (4, 3))
plt.clf()
plt.axes([.2, .2, .7, .7])
plt.plot(pca.explained_variance_, linewidth= 2)
plt.axis('tight')
```

```
plt.xlabel('n_components')
plt.ylabel('explained_variance_')
plt.show()
```

运行代码,根据结果发现前 100 维就能够较好地包含原始数据的绝大部分内容,因此选定前 100 维作为模型的输入,如图 11-8 所示。

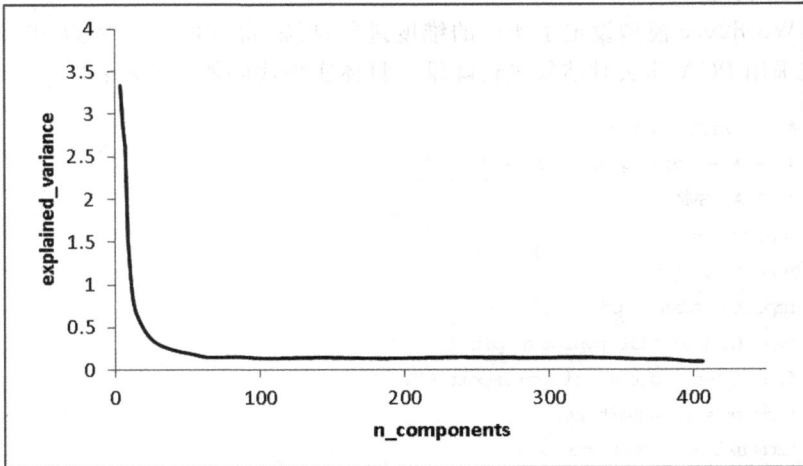

图 11-8　维度与内容

4.分类模型构建

采用支持向量机作为文本分类模型,其他分类模型采用相同的分析流程,在此不赘述。

采用经典的机器学习算法 SVM 作为分类器算法,通过计算测试集的预测精度和 ROC 曲线来验证分类器的有效性,一般来说,ROC 曲线的面积(AUC)越大模型的表现越好。

首先使用 SVM 作为分类器算法,随后利用 matplotlib 和 metric 库来构建 ROC 曲线。具体 python 代码如下所示:

```
# # 根据图形取 100 维
x_pca = PCA(n_components = 100).fit_transform(x)

# SVM (RBF)
# using training data with 100 dimensions

clf = svm.SVC(C = 2, probability = True)
```

```
clf.fit(x_pca,y)

print 'Test Accuracy: % .2f'% clf.score(x_pca,y)

# Create ROC curve
pred_probas = clf.predict_proba(x_pca)[:,1] # score

fpr,tpr,_ = metrics.roc_curve(y, pred_probas)
roc_auc = metrics.auc(fpr,tpr)
plt.plot(fpr, tpr, label = 'area = % .2f' % roc_auc)
plt.plot([0, 1], [0, 1], 'k- - ')
plt.xlim([0.0, 1.0])
plt.ylim([0.0, 1.05])
plt.legend(loc = 'lower right')
plt.show()
```

运行代码，得到 Test Accuracy：0.88，即本次实验测试集的预测准确率为 88%，ROC 曲线如图 11-9 所示。

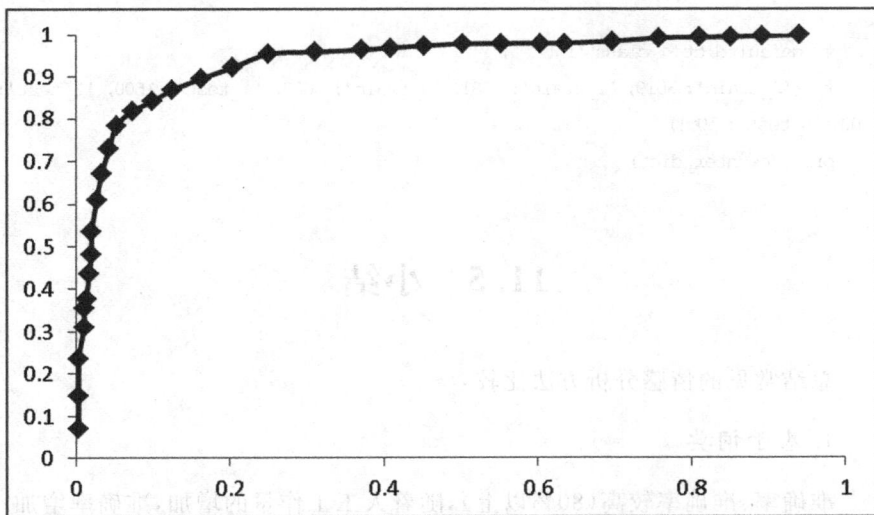

图 11-9　模型 ROC 曲线图

5. 新样本预测

通过加载之前训练的 model 和分类器对测试样本进行预测。
同时记录了每一个测试样本最近似的训练样本。

```
import os, shutil, collections

counter_dict = collections.defaultdict(int)

src_dir = {'train': './train', 'test': './test'}

# I use the new string formatting feature f- string in python v3,
# please change the format string according to your python version
for i in range(1, 6):
    os.mkdir(f'./{i}_train')
    os.mkdir(f'./{i}_test')

for tag, folder in src_dir.items():
    for file in os.listdir(folder):
        score = round(float(file.split('.txt')[0].split('_')[-1]))
        counter_dict[f'{score}_{tag}'] += 1
        shutil.copy2(f'./{folder}/{file}', f'./{score}_{tag}/{file}'.format
(score, file))

# defaultdict(< class 'int'> ,
# {'2_train': 3019, '1_train': 2981, '5_train': 6000, '4_test': 1500, '2_test':
2000, '5_test': 500})
print(counter_dict)
```

11.5　小结

总结常见的情感分析方法比较：

1.基于词典

准确率:准确率较高(80%以上),随着人工工作量的增加,准确率增加
优点:易于理解
缺点:人工工作量大

2.基于 k_NN

准确率:很低(60%～70%)
优点:思想简单、算法简单

缺点：准确率低；耗内存；耗时间

√ 基于 Bayes

准确率：还可以（70％～80％）
优点：简单，高效，运算速度快，扩展性好
缺点：准确率不高，达不到实用

3. 基于最大熵

准确率：比较高（83％以上）
优点：准确率高
缺点：训练时间久

4. 基于 SVM

准确率：最高（85％以上）
优点：准确率高
缺点：训练耗时

正如前文所述，现在的情感分析工作已经能够完成一些简单的任务，在上述任务上都表现出机器具有识别人类情感的能力，但也面临许多挑战。

在情感研究对象上，随着应用领域的不断扩展，情感对象从之前的对产品、服务等的褒贬倾向性评论到对社交媒体中的用户、话题情绪分类，表现形式更加多样，情感种类更加繁多，研究的内容也会发生相应转变，包括更加关注用户的信息以及针对社交媒体中事件用户情感的变迁。

在情感表达形式上，人们对于情感的表达也是多样化的，有直截了当的，也有含蓄不露的，更有通过修辞手段及反讽等多种形式表达情感，因此需要更深层次的机器学习技术以及情感常识库的支持，如何构建常识知识库是亟待解决的问题。

在情感分析学习算法上，深度学习的崛起，无疑也为情感分析中的许多任务提供了良好的工具，并在一些任务上初现端倪，随着情感分析研究不断扩展和深入，将会发挥更多的作用。

在情感分析应用上，情感分析和人工智能结合，将产生一系列的应用，在聊天机器人中识别用户情感，并给予情感抚慰。更进一步，未来情感分析应用于对文章及诗词的鉴赏，自动生成自己的观点、立场及情绪，表达机器自身的情感，从而向强人工智能迈进。

参考文献

[1]中国互联网络信息中心. 第 39 次《中国互联网络发展状况统计报告》[J]. 互联网天地,2013(10):74—91.

[2]陈巧红,孙超红,贾宇波. 文本数据观点挖掘技术综述[J]. 工业控制计算机,2017(2):94-95,102.

[3]哈工大社会计算与信息检索研究中心. LTP 语言技术平台[EB/OL]. http://ltp.ai/.

[4]Garreta R,Moncecchi G. Learning scikit-learn:machine learning in Python[J]. 2013.

[5]Huang L. Dynamic Programming-based Search Algorithms in NLP. : Human Language Technologies:Conference of the North American Chapter of the Association of Computational Linguistics,Proceedings[C]. May 31—June 5,2009,Boulder,Colorado,Usa,Tutorial,2009.

[6]Ekbal A,Bandyopadhyay S. A Hidden Markov Model Based Named Entity Recognition System:Bengali and Hindi as Case Studies[M]. Springer Berlin Heidelberg,2007.

[7]Lafferty J D,Mccallum A,Pereira F. Conditional Random Fields: Probabilistic Models for Segmenting and Labeling Sequence Data:Proceedings of the 18th International Conference on Machine Learning[C]. 2001.

[8]奚雪峰,周国栋. 面向自然语言处理的深度学习研究[J]. 自动化学报,2016,42(10):1445-1465.

[9]Keras:The Python Deep Learning library[EB/OL]. https://keras.io/.

[10]唐明,朱磊,邹显春. 基于 Word2Vec 的一种文档向量表示[J]. 计算机科学,2016,43(6):214-217.

[11]李国和,岳翔,吴卫江,等. 面向文本分类的特征词选取方法研究与改进[J]. 中文信息学报,2015,29(4):120-125.

[12]Xiaoyan G,Lin P,Ren W,et al. A method of extracting subject words based on improved TF-IDF algorithm and co-occurrence words [J]. Journal of Nanjing University,2017.

参考文献

[13]Hui H C，Guangzhou. A Text Similarity Measurement Combining Word Semantic Information with TF-IDF Method[J]. Chinese Journal of Computers，2011,34(5):856-864.

[14]韦程东. 贝叶斯统计分析及其应用[M]. 科学出版社，2015.

[15]Joulin A，Grave E，Bojanowski P，et al. FastText.zip：Compressing text classification models[J]. 2016.

[16]秦兵，刘挺，李生. 基于局部主题判定与抽取的多文档文摘技术[J]. 自动化学报，2004,30(6):905-910.

[17]Lesk M. Automatic sense disambiguation using machine readable dictionaries:how to tell a pine cone from an ice cream cone[C]//ACM Sigdoc Conference. 1986:24—26.

[18]Paul D B. An efficient Aˆ* stack decoder algorithm for continuous speech recognition with a stochastic language model[J]. Proc. IEEE-ICASSP，1992,1:25-28.

[19]Erkan，Radev，Dragomir R. LexRank:graph-based lexical centrality as salience in text summarization[J]. Joumal of Qiqihar Junior Teachers College,2011,22:2004.

[20]Patil K，Brazdil P. TEXT SUMMARIZATION：USING CENTRALITY IN THE PATHFINDER NETWORK[J].

[21]Technology N I O S. Document Understanding Conferences[EB/OL]. http://www-nlpir.nist.gov/projects/duc/data.html.

[22]Tamboli M，Apte M，Kulkarni M. Multimedia Summarizations Using HITS Algorithm[J].

[23]Mihalcea R，Tarau P. TextRank：Bringing Order into Texts[J]. Emnlp，2004:404-411.

[24]Blei D M，Ng A Y，Jordan M I. Latent dirichlet allocation[J]. J Machine Learning Research Archive，2003,3:993-1022.

[25]Griffiths T L，Steyvers M，Blei D M，et al. Integrating topics and syntax：International Conference on Neural Information Processing Systems[C]. 2005:537—544.

[26]Liu B. Sentiment analysis：Mining opinions，sentiments，and emotions[J].

[27]知网 Hownet 情感词典. 台湾大学 NTUSD 简体中文情感词典，知网 Hownet 情感词典[EB/OL]. http://download.csdn.net/download/garry1861/9929258.

[28]哈工大信息检索研究室. 同义词词林[EB/OL]. http://ir.hit.edu.cn/.

[29]Tang D, Qin B, Liu T. Document Modeling with Gated Recurrent Neural Network for Sentiment Classification: Proceedings of the 2015 Conference on Empirical Methods in Natural Language Processing, Lisbon, Portuga[C]. 2015.

[30]Wang Y, Huang M, Zhu X, et al. Attention-based LSTM for Aspect-level Sentiment Classification[C]. 2016.

[31]Tang D, Qin B, Liu T. Aspect Level Sentiment Classification with Deep Memory Network: Conference on Empirical Methods in Natural Language Processing[C]. 2016.

[32]Lin C, He Y. Joint sentiment/topic model for sentiment analysis: Proceedings of the 18th ACM conference on Information and knowledge management. ACM[C]. 2009.

[33]Jo Y, Oh A. Aspect and Sentiment Unification Model for Online Review Analysis: Proceedings of the fourth ACM international conference on Web search and data mining. ACM, Hong Kong, China[C]. 2011.

附录1 中文文本相似度计算工具集

下面对中文文本相似度计算工具进行汇总。

一、基本工具集

1.分词工具

jieba,结巴中文分词

https://github.com/fxsjy/jieba

HanLP

自然语言处理 中文分词 词性标注 命名实体识别 依存句法分析
关键词提取 新词发现 短语提取 自动摘要 文本分类 拼音简繁

http://hanlp.hankcs.com/

https://github.com/hankcs/HanLP

盘古分词——开源中文分词组件

盘古分词是一个中英文分词组件。作者 Eaglet 曾经开发过 KTDict-Seg 中文分词组件,拥有大量用户。作者基于之前分词组件的开发经验,结合最新的开发技术重新编写了盘古分词组件。

https://archive.codeplex.com/

pullword

Pullword——永久免费的可自定义的中文在线分词 API

http://pullword.com/

BosonNLP

玻森中文语义开放平台提供使用简单、功能强大、性能可靠的中文自然语言分析云服务。

https://bosonnlp.com/

HIT-SCIR/ltp

Language Technology Platform

http://ltp.ai

https://github.com/HIT-SCIR/ltp

2.关键词提取

TF-IDF
技术原理：https://dl. acm. org/citation. cfm? id＝866292
gensim
https://radimrehurek. com/gensim/models/tfidfmodel. html
TextRank
技术原理：https://web. eecs. umich. edu/～mihalcea/papers/mihal-
cea. emnlp04. pdf
TextRank4ZH——从中文文本中自动提取关键词和摘要
https://github. com/letiantian/TextRank4ZH

3.词向量

word2vec-gensim
Topic modelling for humans — Radim ? eh?? ek
https://radimrehurek. com/gensim/index. html
GloVe
Global Vectors for Word Representation
https://nlp. stanford. edu/projects/glove/

4.距离计算

word2vec-gensim
Topic modelling for humans—Radim
https://radimrehurek. com/gensim/index. html

二、常用算法

1.中文分词＋TF-IDF＋word2vec＋cosine 距离计算

2. doc2vec

原理介绍：https://cs. stanford. edu/～quocle/paragraph_vector. pdf
技术实现：https://cs. stanford. edu/～quocle/paragraph_vector. pdf

3. simhash

原理介绍：http://www. cnblogs. com/maybe2030/p/5203186. html
技术实现：https://github. com/yanyiwu/simhash

附录 2 实用的文本分析工具

介绍实用的文本分析工具。

1.图悦：在线词频分析工具、词云制作工具，还可以自定义词云的形状。

网址：http://www.picdata.cn/

2.新浪微舆情：全网事件分析（基于关键词设置，实时抓取全网跟关键词有关的信息）、基于用户画像分析（在竞品分析和微博传播路径分析中基于用户兴趣标签和微博发言所得）。

网址：http://wyq.sina.com

3.腾讯文智：词法类分析（把句子拆解成词语进行词性标注，如名词、动词、形容词等）、句法类分析（对句子的词性分析基础上，继续分析主、谓、宾、定、状、补的句子结构）、篇章类分类（有内容分类、情感分析、关键字分析，以及对全文摘要的提取分析）

网址：http://nlp.qq.com/semantic.cgi

4.大数据搜索与挖掘平台：功能模块较全，文本分析一条龙服务，包括分词标注、实体抽取、词频统计、文本分类、情感分析、关键词提取、相关词分析、依存文法、简繁转换、自动注音和摘要提取等。

网址：http://ictclas.nlpir.org/nlpir/

5.Linguakit：不仅能够提取关键词，还能实现文本翻译、词频统计、词云图和文本情感分析等功能。

网址：https://linguakit.com/en/full-analysis